见福

青山绿水是无价之宝

福建省政协文化文史和学习委员会 编

Qingshan Lüshui
Shi
Wujiazhibao

海峡出版发行集团 | 福建人民出版社
THE STRAITS PUBLISHING & DISTRIBUTING GROUP | FUJIAN PEOPLE'S PUBLISHING HOUSE

图书在版编目（CIP）数据

见福：青山绿水是无价之宝 / 福建省政协文化文史和学习委员会编. -- 福州：福建人民出版社， 2024. 12. --

ISBN 978-7-211-09699-2

Ⅰ. X321.257

中国国家版本馆CIP数据核字第2024574PM9号

见福——青山绿水是无价之宝

JIAN FU——QINGSHAN LVSHUI SHI WUJIAZHIBAO

作　　者：福建省政协文化文史和学习委员会　编

责任编辑：何水儿

美术编辑：白　玫

责任校对：林乔楠

出版发行：福建人民出版社　　**电　　话**：0591-87604366（发行部）

网　　址：http://www.fjpph.com　　**电子邮箱**：fjpph7211@126.com

地　　址：福州市东水路76号　　**邮　　编**：350001

经　　销：福建新华发行（集团）有限责任公司

印　　刷：福州德安彩色印刷有限公司

地　　址：福州市金山工业区浦上B区42幢

开　　本：787毫米 × 1092毫米　1/16

印　　张：22.25

字　　数：316千字

版　　次：2024年12月第1版

印　　次：2024年12月第1次印刷

书　　号：ISBN 978-7-211-09699-2

定　　价：138.00元

《见福——青山绿水是无价之宝》编委会

前言

“挽住云河洗天青，闽山闽水物华新。”习近平同志在福建工作17年半，亲自部署实施生态省战略，开创了一系列生态文明建设创新理念和重大实践，为福建留下了宝贵的思想财富、精神财富和实践成果。

福建是习近平生态文明思想的重要孕育地，也是践行这一重要思想的先行省份。明年是“绿水青山就是金山银山”理论提出20周年，是福建生态省战略构想提出25周年，值此关键的纪念时间节点，我们启动征编“见福”系列图书的第一卷——《青山绿水是无价之宝》。本书以习近平生态文明思想为指导，紧紧围绕生态文明建设这一主题，展现福建各界人士持续拓宽“绿水青山”转化为“金山银山”的精彩案例。

翻阅本书，欣见各级政协组织和各民主党派、工商联在新福建建设中所发挥的重要作用。文章作者大多为各级政协委员，他们亲历、亲见、亲闻了新时期福建生态文明建设的探索实践，以饱含深情的笔触，生动描绘了福建在林权制度改革、水土流失治理、国家公园保护、碳减排、河长制、生态银行、环境执法等方面的新进展、新举措，真实反映了社会各界对福建生态文明建设的热情关注和踊跃参与。从中，我们可以看到他们通过调研报告、提案、社情民意或其他形式，向各级党委、政府提出意见和建议，身体力行学习实践习近平生态文明思想，真正做到知行合一，有为有位。

十三届福建省政协提出“为闽协商 为民服务”品牌建设的要求，积极探索文史工作的新方法，努力推进文史资料专题化、系列化。这些文史资料具有“存史、资政、团结、育人”的社会功能，是打造具有鲜明时代特征、福建特色、政协特点的文史图书品牌的宝贵素材。《青山绿水是无价之宝》是“见福”系列图书之开篇，我们从福建各级政协和各民主党派、工商联践行习近平生态文明思想破题，采摭诸多“三亲”，虽管中窥豹，知秋一叶；但绿水鉴影，青山作证，20 多年来，福建牢记嘱托，坚持一张蓝图绘到底。我们共同参与，一路前行，与有荣焉。

山含瑞气，水带恩光。让我们重新回溯出版这本书的初衷：存史、资政、团结、育人。是的，《青山绿水是无价之宝》是我们书写的过去，也必将是我们接力奋进的未来；是我们的阶段总结，更是我们的新起点。

闽山苍苍，闽水泱泱。俯仰天地之间，青山如黛，绿水如练，人海如潮，时光如梭。我们何其有幸，脚踏八闽大地，身处伟大时代，书写壮美篇章。

2024 年 12 月

目录
Contents

| 山青 |

| 履职 |

| 护航 |

| 情怀 |

見福

机制

我亲历的福建生态文明建设

张福寿

福建山清水秀、碧海蓝天，但由于地理区位特殊，自然灾害频发，历史上也饱受恶劣生态环境困扰。在陆上，有童山濯濯的严重水土流失区，以致保护风水林成为传统民俗；在沿海，有一夜沙埋十八村的惨剧，因而涌现出一位位治沙英雄。正是一代又一代中国共产党人的不懈奋斗，特别是21世纪以来的生态省和国家生态文明试验区建设，福建生态环境才有了今天的巨变。

从20世纪80年代初至今，我先后在省林业厅、省政府办公厅、省海洋与渔业厅、省发展改革委、省政府投资项目评审中心工作，其间在长汀和南平挂过职，有幸见证了这一利在当代、造福子孙的创业历程。每每想起，感慨万千。

擘画蓝图

治山治水一直是中华民族治国安邦、兴国富民的大事。习近平同志在福建工作期间，从厦门的筼筜湖治理、宁德周宁的森林“三库”、福州内河整治和海上福州建设，到三明将乐的“青山绿水是无价之宝”、长汀水土流失治理、莆田木兰溪综合治理，到担任生态省建设领导小组组长、擘画生态省建设的宏伟蓝图，亲力亲为推动生态文明建设的创新实践，为福建成为全国首个国家生态文明试验区奠定了坚实的基础。

森林是陆地生态的主体，林业工作在维护生态平衡、保护生物多样性、减轻自然灾害、保障农牧业稳产高产和发挥水利设施最大效益方面具有不可替代的作用。中华人民共和国成立以后，特别是改革开放以来，福建省林业工作取得巨大成就，不但为国家经济建设提供了大量的木材和林产品，形成了南平、三明、龙岩、福州四大林产工业中心，而且在植树造林、改善生态环境方面也取得长足进展。1992 年，福建成为继广东之后全国第二个基本消灭宜林荒山的省份，初步构建了比较完备的森林生态体系和比较发达的林业产业体系。1999 年，我任省林业厅办公室副主任。当时，为庆祝中华人民共和国成立 50 周年，厅里安排我牵头主编《前进中的福建林业》画册。我们编写组用两个月时间就完成了编辑工作。当时习近平同志担任代省长不久，公务繁忙，我们编写组考虑到习近平同志一直关心重视林业工作，便抱着试试看的心理请他作序。令人惊喜的是，书稿送达后第二天就收到他亲笔签署的序言。该画册中英文对照，后由福建科学技术出版社出版。

习近平总书记对生态文明建设的高度重视是始终如一的。他到浙江工作不久，浙江的同行就找我们要生态省建设的有关材料，以便借鉴。2005 年 8 月 15 日，习近平同志在湖州市安吉县余村调研时正式提出了“绿水青山就是金山银山”的科学论断，成为习近平生态文明思想的核心内容。我到余村学习了两次，每次都有很深的感悟。

2023 年 6 月 28 日，十四届全国人大常委会第三次会议决定，将全国生态日定在每年的 8 月 15 日。首个全国生态日主场活动在湖州举行，我随省领导前往参加，并在当日下午代表福建省在由国家发展改革委主办的国家生态文明试验区建设经验交流会上发言。在开场白中我即兴说了几句话：“我是福建人，在福建普通话里时常‘福’‘湖’不分，今天来湖州参会，‘直把湖州当福州’。同时，福建和浙江都是习近平总书记工作过的地方，总书记 1997 年在福建将乐县提出‘青山绿水是无价之宝’，2005 年在浙江安吉县正

◎ 2023 年 5 月，福建省委组织部在浙江大学举办的“持续深化生态省建设，加快推动绿色低碳转型”专题研修班的全体学员赴安吉县余村学习考察

式提出‘绿水青山就是金山银山’，它们一脉相承，因此我们倍感亲切。”我的这番话意在表达福建同浙江一样，都是“绿水青山就是金山银山”理论的源头。之后，我们正式向国家发展改革委申请承办第二个全国生态日主场活动。因为首提地与孕育地的关系，2024 年全国生态日主场活动如愿设在福建省的三明市。

到中央工作后，习近平总书记始终牵挂福建生态文明建设，多次作出重要指示批示。2014 年 10 月 30 日至 11 月 2 日，习近平总书记来福建考察时要求，要有更强的生态意识，大力保护生态环境，使福建天更蓝、山更绿、水更清、环境更美，努力建设“机制活、产业优、百姓富、生态美”的新福建。在习近平总书记的关心关怀和鼓励鞭策下，福建的生态文明建设始终在全国起着引领示范作用。2014 年 3 月，《国务院关于支持福建省深入实施生

◎ 2023 年 8 月 15 日，在首个全国生态日主场活动上作福建生态文明试验区建设经验交流

态省战略加快生态文明先行示范区建设的若干意见》颁行，使福建省成为全国第一个生态文明先行示范区。2016 年 6 月 27 日，中央全面深化改革领导小组第二十五次会议审议通过了《国家生态文明试验区（福建）实施方案》，决定选择福建省作为全国第一个国家生态文明试验区，赋予建设国土空间科学开发的先导区、生态产品价值实现的先行区、环境治理体系改革的示范区、绿色发展评价导向的实践区的战略定位，并设定了到 2020 年的目标任务。目前，全国仅 4 个国家生态文明试验区。因此，对这一金字招牌，我们要倍加珍惜。

接续努力

2021 年 3 月，习近平总书记在福建考察时强调，绿色是福建一张亮丽名片。要接续努力，让绿水青山永远成为福建的骄傲。回望从生态省到生态文明试验区建设的历程，福建对生态文明建设始终是高位推动，真正做到了一任接着一任干、一张蓝图绘到底。省生态文明建设领导小组组长、常务副组长始终由省委省政府主要领导担任，并在省发展改革委设立办公室。记得2009年我在省政府办公厅任副秘书长期间，省财政厅分管农财工作的领导同我商量，习近平同志在担任省长时批示省财政连续十年每年安排长汀水土流失治理专项经费1000万元，今年已经到期，今后是否需要再延续。说实在的，当时福建的财力有限，1000万元是笔不小的数目。为此我们专门报请省领导审定，最后经主要领导批示决定延续支持。之后的2011年底到2012年初，习近平同志对长汀水土流失治理工作作出了重要指示批示："进则全胜，不进则退。"也正因为这样持之以恒地接续奋斗，《长汀水土流失综合治理与生态修复实践》于2021年10月成功入选联合国《生物多样性公约》第十五次缔约方大会（COP15）生态修复典型案例。

"生态资源是福建最宝贵的资源，生态优势是福建最具竞争力的优势，生态文明建设应当是福建最花力气的建设。"这是2012年3月习近平同志在京看望参加全国两会的福建代表团时的殷切嘱托。这"三最"掷地有声，情真意切，历久弥新。从2016年开始，每年省两会开幕的前一天，省委省政府主要领导与各设区市及平潭党政主要领导签订年度生态环境保护目标责任书成为雷打不动的固定节目。

人大、政协组织也同步跟进。2018年9月，省十三届人大常委会第六次会议审议通过了《福建省生态文明建设促进条例》，率先将"绿水青山就是金山银山"写入省级地方性法规。2022年4月，《福建省"十四五"生态省建设专项规划》经省十三届人大常委会第三十二次会议审议通过，并由省政府印发实施，成为全国首个经省级人大常委会审议通过的生态文明建设专项规划。

作为连续三届的省政协委员，我切身体会到省政协始终对生态文明建设高度关注，每年都有相当数量的提案建议，每年也都有涉及生态文明建设的重点协商议题。比如在生态产品价值实现机制的专题协商会上，委员们在深入调研的基础上，围绕破解生态产品“度量难、抵押难、交易难、变现难”等问题，发表了许多具有专业性、可操作性的真知灼见；政府相关部门负责人现场聆听回应，互动热烈。这让我感受到政协组织在凝聚社会各界力量、为生态文明试验区建设建言献策方面的高站位高水准，彰显了为闽协商、为民服务的情怀和担当。

2020 年是生态省建设 20 周年和国家生态文明试验区建设 5 周年，按照省委省政府的工作部署，省发展改革委委托中国工程院组织国内权威专家进行系统、综合地建设成效评估。2020 年 12 月 30 日，在由中国工程院院长李晓红主持的评估论证会上，来自生态环保、林业、经济等领域的十几位院士、专家，对福建省生态文明建设给予了高度评价。评估结果表明，《福建生态省建设总体规划纲要》确定的 69 项具体举措全部落地实施，部分指标超额完成；《国家生态文明试验区（福建）实施方案》部署的 6 个领域 26 项重点任务和 38 项重大改革成果如期完成；福建生态文明发展水平处于国内领先水平，接近世界先进水平。该评估成果于 2021 年 7 月由中国工程院在生态文明贵阳国际论坛上正式发布。

新时代新征程，省委省政府围绕加快推进人与自然和谐共生的现代化，对在更高起点上深化生态省和国家生态文明试验区建设作出了一系列新部署新要求。2021 年 11 月，省第十一次党代会上提出做大做强做优绿色经济。2022 年 8 月，省政府办公厅印发了推进绿色经济发展行动计划。2024 年 7 月，省委省政府印发了《关于更高起点建设生态强省谱写美丽中国建设福建篇章的实施方案》，分 2027 年、2030 年、2035 年 3 个时间节点，全面部署美丽福建建设，提出要进一步构建从山顶到海洋的保护治理大格局，推动生态环境高颜值和经济发展高素质协同并进，这是一种内外兼修、人与自然和谐共生的高层次的美丽。

山海交响

山多海阔是福建的特色，“山海画廊、人间福地”是人们对福建优良生态环境的赞美。森林是陆地生态的主体，海洋是地球生态的主体，同时“靠山吃山、靠海吃海”是几千年来福建人民生产生活的最朴素的生存道理。生态省建设以来的 20 多年，我认为福建在坚持系统思维，以改革为动力，统筹协调经济社会发展与生态环境保护方面是具有创造性和引领性的。

福建是南方重点集体林区，85% 的林地是村集体所有。囿于产权不明晰，历史上林农在耕山育林方面长期缺乏积极性，同时迫于生计，还经常上山盗砍盗伐。改革势在必行。在时任省长习近平同志的推动下，林改由点到面逐步展开。作为林业主管部门，围绕破解“山要怎么分”“树要怎么砍”“钱从哪里来”“单家独户怎么办”等林改难题，举全系统之力，攻坚克难，稳步推进。“事非经过不知难”是时任林业厅厅长黄建兴的口头禅，有一年，他仅永安一个县级市就去了 20 多次，我也随他同去了几次，真切地感受到改革的迫切和改革者的执着。有一次晚饭后观看永安市自编自导的宣传林改的文艺小节目，在主人的盛情邀请下，我有感而发说了几句打油诗：“林改千古事，征程过半路。同志再努力，成功会有时。”作为曾在林业部门工作多年的一员，时至今日，我对那几年筚路蓝缕的改革氛围记忆犹新。

时过 20 多年，如今福建林改早已享誉全国。2023 年 10 月 31 日，受省政协委派，我参加了全国政协十四届常委会第四次会议的视频连线，在发言后有幸回答了全国政协主要领导对福建林改工作的现场提问。20 多年来的林改，随着最初的分山到户、明晰产权，到联户经营、托管经营、采伐管理、林下经济、重点区位商品林赎买、森林生态银行、林票、碳票等系列改革不断向纵深推进，福建林区百姓富了，山也更绿了，全省森林覆盖率高达 65.12%，连续 45 年保持全国第一，被誉为全国最绿的省份。

福建海域面积13.6万平方千米，海岸线长达3752千米，居全国第二位。习近平同志在福建工作期间，就提出建设海洋强省战略。海洋强省之“强”，不但体现在海洋经济指标，还体现在对海洋生态环境的保护上。福建沿海地区人口密集，可开发用地少，而海湾、海岛众多，海岸线曲折率全国第一，具有建设港口的独特优势。因此，不少地方填海造地、围海建港，发展钢铁、石化等临海重化工产业的呼声比较强烈。为此，从统筹发展和保护的角度出发，时任省海洋与渔业厅厅长刘修德组织专业机构对近岸海水的动力交换进行模拟，科学制定规划。在此基础上，报请省政府专题研究并正式下发文件，明令严控湾内围填海。随后，经省政府同意，省发展改革委对钢铁、石化等对资源环境要求高的七类产业进行全省统一布局。

比如炼化一体化项目仅布局在古雷、湄洲湾两个石化基地，其他地方一律不予建设，作为产业政策的硬约束。曾经有一个大型的炼化项目看中三都澳优越的港口条件，并且已经开展前期选址的部分场地施工，也因此被叫停。实践证明，此举带来了发展海洋经济和生态环境保护的双赢。如今，古雷和湄洲湾石化基地生机勃勃，大项目好项目不断集聚发展，其中古雷石化基地还荣膺全国七大石化产业基地之一，已建成的古雷炼化一体化一期项目是迄今为止两岸合资建设的最大产业项目，在建的总投资448亿元的中沙古雷乙烯项目为福建最大利用外资项目，总投资711亿元的古雷炼化一体化工程二期项目也正式核准批复。这些重大项目从可行性研究到核准建设整个过程七八年时间，其间海域使用、用地用林、港口码头建设、环境容量等都需要严格的评估论证和审批手续，确保项目建设对生态环境影响最小化。

海水养殖价值高、效益好，曾经渔民和社会资本竞相涌入，导致近岸养殖无序扩张，海上渔排杂乱无章、设施装备陈旧落后，给海洋生态环境保护带来巨大压力。为彻底改变这一破坏海洋环境的落后生产方式，在国家发展改革委、自然资源部的大力支持下，福建省坚持疏堵结合，组织开展以三都澳为突破口的六大海湾整治，仅宁德就投入40多亿元开展“清海行动”，科学

◎宁德市三都澳白基湾海域整治前后对比

规划近岸养殖区域，全面推广塑胶渔排，合理控制养殖密度，并配上风光储充一体化的新能源装备，使养殖区面貌焕然一新。2023 年底，国家发展改革委调研组实地考察，看到水清滩净、鱼跃人欢的和谐场面，盛赞福建践行习近平生态文明思想的大格局大手笔。海洋生态环境修复治理的“厦门实践”经验由自然资源部、国家发展改革委、财政部、国家林草局联合向全国复制推广。

作者系福建省政协经济委员会副主任

聚焦热点难点　积极建言献策

——福建省政协人口资源环境委员会推动生态文明建设回顾

李榕光

人口、资源、环境是我国的三大国策。2008年福建省政协人口资源环境委员会（以下简称“人资环委”）成立后，围绕中心、服务大局，聚焦福建省人口资源环境领域的热点难点问题开展调查研究，积极建言献策，为推动福建省经济社会发展和生态文明建设发挥了应有的作用。

促成湿地保护立法

我在人资环委办公室工作12年，开展最多、成效最明显、体会最深的是水环境综合整治相关课题的调研协商。众所周知，水是生命之源、生产之要、生态之基，水环境安全问题既关乎民生，又攸关发展。委员会始终围绕“水”做文章，聚焦水源地保护、湿地保护、水土保持、城区内河整治、河长制落实、农村环境整治、近岸海域环境保护、小水电站治理等影响水生态的课题，积极建有据之言、献务实之策。

优美的生态环境已成为福建的一张亮丽的名片。然而，被称为“地球之肾”的湿地，却是福建生态环境保护的软肋，与福建省争创生态省和生态文明示范区的目标任务不相符。省政协对此高度重视，把“加强我省湿地保护”作为2014年在全会期间召开的专题协商会课题加以部署。课题调研组在省政协副主席杨根生的带领下深入基层调查研究，针对湿地面积持续减少、生态功能有所衰退、生物资源利用过度、体制机制亟待完善等方面的问题，提出了尽快出台《福建省湿地保护条例》、尽快编制并颁布《福建省湿地保护规划》、建立部门联动机制、强化科技支撑、纳入全民素质教育内容等对策建议。当时，全国已有北京、黑龙江、江西等18个省（自治区、直辖市）相继颁布实施地方湿地保护条例，省政协的对策建议引起省委省政府的高度重视，省人大积极推动湿地保护立法。在社会各界的共同努力下，2016年9月30日，福建省第十二届人大常委会第二十五次会议通过了《福建省湿地保护条例》，为保护湿地提供了法律依据。

把协商会开到基层

我在福州出生、长大，小时候在河里游泳、抓小鱼小虾成了我的美好记忆。福州市的内河河网密度居我国各城市前列，城区规划河道共139条，总长超过295千米，水域面积10.08平方千米。内河的整治，关系人民群众的生活质量，关系福州市的城市形象，关系福州市生态文明先行示范区的建设。

2017年初，省政协创新性地将“加快福州内河整治”作为具有民主监督性质的界别协商议题，由人资环委组织九三学社界别负责开展相关工作，成立了以省政协委员、民主党派代表、专家学者、环保组织代表为成员的调研组。调研组实地考察了琼东河、流花溪、金港河、三捷河等4个内河整治项目。在充分调研的基础上，“加快福州内河整治”界别协商会于9月22日召开。

这次会议将会场设在安泰河流经的南街街道，并邀请当地群众代表谈体会、提建议，这是省政协创新民主监督形式、探索民主协商方式方法的新尝试。省政协副主席刘可清出席会议并讲话。协商会上，调研组提交了关于加快福州内河整治的调研报告，与会的省政协委员、专家学者和群众代表就福州内河污水管网建设与管理、打造内河建设的“百年工程”和“民心工程”、内河生态修复工程建设等老百姓关心的热点话题进行了专题发言与即席发言。福州市政府以及市建委、城管委、环保局、水利局等单位负责人分别就现场提出的问题和意见建议作出了回应。

推动近岸海域海洋环境保护

福建省是海洋大省，海洋经济在国民经济中占有重要比重。随着经济社会的发展，福建省近岸海域污染状况引起社会各界的普遍关注，每年都有关于海洋环境保护的委员提案、大会发言、社情民意专报件等。

2010 年 6 月，人资环委组成视察团，在省政协副主席李祖可、邓力平

◎ 2015 年 7 月 15 日，刘可清副主席深入挂钩帮扶的连城县调研

率领下赴泉州市开展“近岸海域环境状况”视察活动，形成了《关于加强我省近岸海域环境保护的视察报告》，对进一步加强福建省近岸海域环境保护与治理提出了六点建议。时任省委书记孙春兰、省长黄小晶分别在视察报告上作了批示。在省政协的推动和各方的努力下，省政府出台了《福建省人民政府关于进一步加强我省近岸海域海洋环境保护的实施意见》（以下简称《实施意见》）。

为推动《实施意见》的贯彻落实，省政协在十届四次会议期间召开“加强我省近岸海域环境保护”专题协商会，参会的委员及社会各界人士达200多人，他们纷纷建议政府采取切实有效措施，加大近岸海域环境保护力度。

《实施意见》的出台，倾注了省领导和政协委员的心血，凝聚着政府部门的智慧，它顺应时势、顺应民心、反映民意，是一项重要的民生工程。

富有成效的专题协商会建议案

人资环委成立以来，让我印象最深的是生态文明先行示范区建设专题协商。十一届省政协以前的专题协商会一般安排在全会期间举行，而从十二届省政协开始，专题协商会安排在平时举行。福建省作为全国首个生态文明先行示范区，其建设情况始终牵动着委员们的心。

省政协把“深化国家生态文明试验区建设”作为2018年十二届省政协常委会第一场专题协商会，由人资环委负责组织。人资环委对此高度重视，在叶木凯主任的带领下，组织力量认真研究制定调研方案和协商方案，组织由委员、专家学者和环保组织负责人组成的调研组赴省内外开展广泛深入的调研，为协商会的顺利召开打下良好基础。时任省委书记于伟国参加会议，省政协主席崔玉英主持会议。省政协副主席洪捷序代表专题调研组介绍了国家生态文明试验区建设取得的成效、存在的困难问题和对策建议。4位省政协常委代表省民主党派和工商联就完善重点生态区位商品林赎买工作、推进

◎ 2014 年 7 月 28 日，杨根生副主席带领人资环委调研组在柘荣县调研古树名木保护情况

◎李祖可副主席参加团省委等单位组织的“情满双江 绿动六城”活动

企业绿色发展、破解武夷山国家公园试点体制机制障碍、推进建筑垃圾污染治理等作了专题发言；9位政协常委、委员和民间环保组织负责人作了即席发言，从不同角度对深化国家生态文明试验区建设提出建议。

协商会后，人资环委将协商会成果以建议案的形式报省委省政府供决策参考。省委省政府高度重视，充分吸纳了省政协的意见建议，研究出台了《关于全面加强生态环境保护　坚决打好污染防治攻坚战的实施意见》。此外，人资环委还推动省政府修改了《福建省河道采砂管理办法》；推动省环保厅、中国人民银行福州中心支行等单位联合出台了《关于加强绿色金融和环境信用评价　联动助推高质量发展的实施意见》；推动省国土厅、省住建厅出台了《关于加快推进机制砂项目配套矿山采矿权出让工作的通知》。省水利厅在专题协商会后，主动联系省环保志愿者协会，共同研究“百姓河长”与官方河长联动合作机制；还表示要积极推进小水电绿色发展，督促各地尽快落实水电站最小下泄生态流量，退出不达标小水电站。

在委员们的持续关注和各级各有关部门的密切配合下，福建省生态文明试验区建设呈现勃勃生机，始终走在全国前列。

探索民主监督新形式

城区内河的整治与管理，关系人民群众的生活环境质量，关系福建省生态文明建设的成果。为深化国家生态文明试验区建设，切实改善福建省城区内河水质和周边环境，省政协将“加强我省城区内河整治与管理”作为2019年民主监督考察协商课题，由省政协人资环委和九三学社界别负责落实。我们将民主监督、委员调研、对口协商有机结合起来，发挥政协委员的主体作用，动员各党派团体和基层政协、社会组织积极参与，将协商民主的重心下沉，持续为城市内河整治建言资政，促进建设“水清、河畅、路通、景美”的城市生态景观。省政协副主席张兆民带领调研组赴福州开展民主监督考察，先后察看了琼东河、洋下河、晋安河、白马河的整治情况。为提高协商针对性和议政实效性，调研组还委托水质检测机构对福州城区内河水质进行抽样检测，组织福建省环保志愿者协会、绿家园环境友好中心、绿色科技文化促进会开展问卷调查。调研组认为，治理水污染、保护水环境离不开人民群众的热情参与。

本次内河问卷调查面向福州市居民，设计了 14 个问题，最后回收有效问卷 228 份。本次问卷中，绝大部分（89%）受访居民表示关注内河环境问题，其中，超过一半（50.88%）的受访居民对目前的内河状况基本满意，但有 40% 的居民认为内河状况有待改进，说明在目前的整治中仍存在一些问题。在本次的调查中，绝大部分人（85.09%）对自身污染内河的行为是不了解的，且接近一半（46.49%）的受访居民对内河相关法规不了解，这说明目前的内河整治需进一步加大宣传力度。

调查结果显示，内河两岸分布最多的场所是居住小区、餐饮店、超市和农贸市场，因此接受问卷调查的居民普遍认为上述场所的排污是影响内河环境的主要因素。相当大一部分人（80.7%）知道身边内河的护河员和保洁员，当发现相关问题时，一部分人 (33%) 会通过河长制公示牌上的电话反映问题，说明河长制工作已深入人心。这次调查显示，认为影响内河整治的根本因素是“市民素质的提高”占 27%，并且政府应该是内河治理的主导力量。调查还发现，居民参与内河志愿服务的意愿强，政府应积极引导。

此次问卷调查，对于充实完善调研报告起了重要作用，我们在调研报告建议部分提出要拓宽公众参与渠道、加强社会监督、健全完善内河整治监督举报平台、在内河各段设置地理方位标识、充分发挥民间环保组织的社会监督作用等。由于有环保组织的热情参与，政协的专题协商越来越引起社会各界的关注和积极参与，协商的氛围和效果也越来越好。

作者系福建省政协民族和宗教委员会原专职副主任

一张蓝图绘到底　大美湿地润榕城

福州市政协人口资源环境委员会、福州市林业局

尊重自然、顺应自然、保护自然，大自然选择了福州。

从地图上看，福州这座城以近乎展怀的姿态拥抱着大海。闽江穿城而过，奔流入海，一路裹挟的泥沙在此交汇、流连，历经千年万年，流淌出连片的湿地、遍布的史迹。

一次偶然，沿途迁徙的候鸟发现了这处宝地，当即呼朋引伴。至此，福州成了全球候鸟迁徙九大路线之一——东亚—澳大利亚迁徙线上的中转地和补给站，得到数以万计候鸟的青睐。

福州在飞速发展的同时，不忘自然生态的修复。20多年来，入海口变为湿地公园，海湾纳入保护区，一众“失地”重回湿地，候鸟翩跹、红树成林，勾勒出一幅人与自然和谐共处的生态画卷。

有福之州，湿地家底丰厚

19.42万公顷，这是福州湿地的总面积。

尽管家底丰厚，但“湿地”一词却在很长一段时间里飘忽于人们视线之外。相较于广袤森林、蔚蓝海洋给人们带来的直观感受，很少有人能说清楚到底什么是湿地。

究竟什么是湿地？

◎闽江河口湿地水鸟数量与日俱增，其中不乏全球濒危物种

1975 年生效的《湿地公约》给出过标准答案：不问其为天然或人工、长久或暂时的沼泽地、泥炭地或水域地带，带有静止或流动的淡水、半咸水或咸水水体，包括低潮时水深不超过 6 米的水域。

这意味福州存在着数量众多、类型各异的湿地，因为河流、水库等都归属于湿地范畴。然而，即使在福州生活大半辈子的人，也未必知道，湿地就在家门口。

福州，自古因水而兴。《山海经》载："闽在海中。"汉代闽越王无诸临水依冶山而建"冶城"，成为城市发展的原点。连接山海的闽江自西北部入城，流经南台岛时一分为二，经年累月，冲刷出"两江四岸"的城市骨架。

城区内，139 条内河纵横交错，大小湖泊点缀其间，河网平均密度超过

3 千米 / 平方千米，在全国同类城市中实属少见。如今，时见白鹭掠过水面，野鸭荷间觅食，候鸟翩跹起舞。四面拥翠的福州，每一处水面上都涌动着勃勃生机。

福州的湿地还远不止这些。红树林地、盐田、河流水面、水库水面、坑塘水面、沿海滩涂、沟渠和浅海水域……涵盖近海及海岸湿地、河流湿地、湖泊湿地和人工湿地等四大类。目前，福州拥有 1 处国家重要湿地、8 处省级重要湿地、3 处省级以上湿地自然保护区。

毫无疑问，福州是一座“从水中成长起来的城市”，众多的河、湖与海，成为孕育湿地的上佳自然地理条件。

而从数据上看，福州湿地率达 15.14%，保护率达 55.33%，两者均居全省首位。福州是当之无愧的“湿地之城”。

“湿地之城”，答好成长三问

与众多城市在发展中所面临的问题一样，福州也在前进中反复叩问：生态和发展如何双赢？城市与湿地如何协同发展？能否走出未来城市建设与发展的新路径？

生存困境，能不能解？

先看一块地——

闽江河口湿地，地处长乐区东北部闽江入海口。

号称“闽江三宝”的中华凤头燕鸥、勺嘴鹬、黑脸琵鹭同日现身闽江河口，被保护区生物多样性展示分析平台成功记录，也被多名鸟类摄影爱好者拍到，“观鸟十多年，难得蹲到‘三宝’齐聚！”

但在本世纪初，这里却是另一番景象。填海造地侵蚀滩涂，新开挖的鱼塘侵占面积高达数百亩，外来入侵物种互花米草疯狂蔓延，湿地功能急剧退化，能监测到的候鸟越来越少。

湿地的衰败，引起全省上下高度关注。2002 年 4 月，看到专家呼吁抢救性保护闽江河口湿地资源的材料，时任福建省省长习近平明确表示：“必须重视对湿地的保护。”自此，一场长达 20 年的“持久战”打响了。

针对闽江河口湿地保护区小而精的特点，在具体工作中，管理者的思路是核心区、实验区、缓冲区三区合一，全面保护。湿地通过建立自然保护区，划圈守护；清退互花米草、养殖池，归还栖息地；实施改造水闸、打通土堰等工程，营造生态鸟岛等。

进退之间，闽江河口湿地生态环境发生转折性变化。

2022 年 8 月，以生物多样性作为突出价值，中国联合国教科文组织全国委员会申报的“福建闽江河口湿地：海、陆生物地理区划过渡带”，成功列入世界遗产预备清单。

2023 年，闽江河口湿地正式入选国际重要湿地名录。

再看一条河——

曾经的流花溪，名不副实，是一条 4.3 千米长的“垃圾河”。

它的遭遇，在福州城区众多的内河中很有代表性。由于周边肆意排污、水体交换差，导致淤泥难清、垃圾成堆，流花溪不可避免地患上了“城市病”，成为城内 43 条“臭名昭著”的黑臭水体之一。

近年来，福州全面整治内河。此番治水，福州不拘泥于“老做法”，而是选择打破“九龙治水”格局，整合建设、水利、城管等涉水职能部门，在全省率先组建了城区水系联排联调中心，走出了一条治水新路子。

整治要花大钱，这笔账怎么算？福州采用 PPP 模式——政府与社会资本共同参与，政府当裁判员，评判治理效果，确认“收货”后再付费。福州将城区内河按流域划分为 7 个水系 PPP 项目包，共生成 5000 多个治理项目，对主干支流全流域治理。

如今，流花溪畔水清岸绿，“香积烟雨”等名榕古寺交相辉映的“十里花廊”景观令人应接不暇。

◎流花溪整治前后

好生态才能带来好发展。这两个故事，是福州湿地保护与发展的生动事例。

保护能级，是否够强

省会城市寸土寸金，如何严守湿地生态红线？

2014 年，福州在全省率先编制《福州市湿地保护规划》，首次明确福州湿地的总体布局、保护目标和保护重点。2017 年，一条刚性管理办法诞生，福州在全省率先颁布实施《福州市湿地保护管理办法》，并成立福州市湿地保护管理中心，明确生态红线。迄今，福州市已出台 15 部湿地保护相关管理办法。

“规划先行、立法保护”仅是其中一步，福州正同步创新湿地保护机制，拿出真金白银，累计投入近 200 亿元，不断完善湿地保护体系。

然而，位于城郊的湿地一旦划圈保护，效果往往立竿见影，但城区内因人员活动密集，进展缓慢，这也是城市湿地保护过程中普遍遇到的瓶颈。

事实上，梳理湿地保护与修复的目标，除了抓住主要矛盾、保护九大重要湿地外，还有一项也很重要——善用系统思维。对此，福州通过“全域治水”，正在实现新突破。

实施“党政双河长制”、城区内河“政企双河长制”；建立流域生态补偿机制，补偿金向上游致力生态保护、经济欠发达的地方倾斜；提升“两江四岸”品质，精心打造“闽江之心”……一个个统筹治理的创新举措为福州留下了治水兴水的宝贵财富。“全域治水”的思路框架在一次次的实践摸索中逐渐清晰。

那么，湿地保护如何更进一步？

对此，福州市政协积极组织召开以“福州市加强湿地保护与合理利用”为主题的专家协商会，通过让“最专业的人做最专业的事”，碰撞出高质量

◎ 2022 年 6 月 22 日，福州市政协组织召开以“福州市加强湿地保护与合理利用”为主题的专家协商会

的观点和意见。

与此同时，福州选择用算力解放人力。随着高科技深度运用于湿地保护区，立体化智慧监测防控体系加快构建，福州逐步形成城区内河一网多片、闽江流域一线多点、龙江流域一江四溪、敖江流域一线二库的数字孪生总体布局，为湿地管护添助力。

城与湿地，能否相融

湿地对于福州的意义，绝不止于一座公园、一条河流、一处湖泊，更是一座省会城市发展规划中的超大型生态系统。

放眼全市，从西到东的轴线上，集齐了从青山、绿水到汪洋大海的多种生态要素，全景展示山水林田湖草沙的生态系统，形成了福州独特的自然资源禀赋。

在城市化大背景下，湿地一方面要满足城市化建设需要，另一方面又需要合理保护，为城市提供持续充足的生态服务。这个过程，要重新建构城市建设中保存湿地的意义。

连续当了多年湿地治理排头兵，福州的成绩可圈可点。对于新意义的探索，不能坐等，必须首先让群众切身享受湿地给城市带来的好处和实惠。

于是，便有了沿河建设的500多千米滨河绿道和1400多个串珠小公园，形成“推窗见绿、出门见园”的城市绿色生态空间。

福州依托湿地自然保护区、湿地公园和湿地博物馆等宣教基地，积极组织科研院校、观鸟协会、志愿者等机构团体，围绕“世界湿地日”“爱鸟周”等开展科普宣传活动，提升民众保护湿地意识。

假期一到，湿地生态教育系列活动便如火如荼。一拨又一拨的青少年走进全市各大重要湿地，参观博物馆、探秘湿地公园、观察鸟类，近距离接触、认识湿地之美。

眼下，湿地的价值将乘数释放，为福州发展增添绿色动力。福州正积极推进国际湿地城市的创建工作，争取着这项国际上城市湿地生态保护方面规格高、分量重的荣誉，为湿地城市建设贡献“福州样板”。

执笔人：蓝瑜萍、陈世武、沈秋林、蓝程嵘

“三库+碳库”生态理念在宁德：经济“高质量”与生态“高颜值”相得益彰

吕巧琴

三十五载传承实践，三十五载历久弥新。

2024年，是习近平总书记提出“三库”重要理念35周年。

35年前，时任宁德地委书记习近平同志在《闽东的振兴在于“林”——试谈闽东经济发展的一个战略问题》一文中提出“森林是水库、钱库、粮库”的重要理念。

2022年以来，习近平总书记又多次强调“森林是水库、钱库、粮库，现在应该再加上一个‘碳库’”的“三库+碳库”重要理念，赋予了“三库”绿色生态理念新的实践内涵，反映了习近平生态文明思想蕴含的真理力量和实践伟力。

作为“三库+碳库”生态理念的重要孕育地和实践地，35年来，宁德市逐绿前行，实现森林覆盖率69.98%，森林蓄积量5968.69万立方米，居中国大陆沿海设区市之首，荣获“国家森林城市”称号，连续三年入榜“中国绿都”。

35年来，这一理念从孕育到发展、从实践到传承，不仅深深浸润着闽东大地、滋养着闽东人民，也从宁德、从福建走向全国，展现出强大的生命力、引领力和创造力。

林水共治的“水库”

盛夏时节，走进平均海拔 800 米、森林覆盖率 72.96% 的周宁县，我们依然可以享受到习习凉风，这里即使是盛夏，日均气温也仅 24℃。2024 年 1 月，周宁县被中国气象局授予“避暑旅游目的地”称号，是福建唯一入选的县（市）。

作为一名新闻工作者、宁德市政协委员，这几年，我每年都会去一趟七步镇后洋村的黄振芳家庭林场。今年已经 96 岁高龄的黄振芳，对于 41 年前带着一家老小在后洋村开荒种树的经历记忆犹新。

黄振芳的故事，已不是第一次听。但每每看着眼前 7300 多亩林场青翠欲滴，很难想象在几十年前，这里还是一片荒凉、杂草丛生。

从老一辈村民口中得知，20 世纪六七十年代，后洋村流传着一句顺口溜：“抬头见荒山，吃穿奔波忙；年关口袋紧，父母焦心肠。”这，就是后洋村当时的真实写照。

那荒山是如何变绿的？

1983 年，适逢政府全面推行家庭联产承包责任制，号召农民勤劳致富，年逾半百的黄振芳决定包山造林。他带领全家开垦荒山，从最初的 50 亩到后来的上千亩，短短几年时间，他们共造林 1207 亩，成为周宁县有名的“造林大王”。

一直到近几年，有空时，黄振芳老人还会到林场看一看，看着树一年一年长高。2020 年那一次的采访中，92 岁高龄的黄振芳老人的两句话，让我记忆犹新：“我们是山区，靠山吃山，封山造林。一我要祖国的绿化，二我要子孙造福，保留水土。”

一种精神、一种作风，就这样心手相传。

黄振芳的小儿子黄传茂跟着父亲一块上山种树那年才 16 岁，如今也已

◎滕佳材主席在宁德调研生态文明建设工作

年过半百。忆及那时候的艰苦，黄传茂说：“几乎每年都下几场雪，山头经常封冻在冰雪之中。我们每天冒着严寒上山，扒雪堆、敲冰块、挖林穴、种树苗，非常艰苦。”

功夫不负有心人，黄振芳敢想敢干，造林 1207 亩，并在 114 亩速生林中套种马铃薯、玉米等经济作物，采用“以短养长”的产业发展思路，取得了较大的经济效益。这也极大地吸引和影响了当地村民，后洋村掀起了“造林热”。

“山上栽满树，等于修水库”，“青山常在，绿水长流”。如今，周宁县绿树掩映、水波潺潺、鸟语花香，一幅天蓝、地绿、水碧的生态画卷徐徐展开。

立足“森林是水库”，周宁县着力“养绿”涵水，守护“绿水青山”之美。周宁县大力推进造林绿化、森林抚育、封山育林工作以及“绿盈乡村”

建设，建立“林长+”协作机制，创新推行“企业河长”“智慧河长”“民间河长”等管理机制，生态“家底”愈加殷实。

35年来，在“三库+碳库”生态理念的指引下，周宁县林地面积增加了52.5万亩，森林覆盖率从1987年的42.8%提高到如今的72.96%；建成127个“绿盈乡村”。该县以列入水源涵养国家重点生态功能区为契机，累计投入水治理专项经费近5.99亿元，建成安全生态水系建设项目9个，治理河流133千米，完成改水300多千米，域内54条大小河流水质综合合格率100%。

变化的，不止于周宁县。35年来，宁德累计植树造林近980万亩，水土保持率达93.3%，重点流域优良水质、县级以上集中饮用水水源地水质达标率达100%，着力打造碧波清流的“水库”。

生态富民的“钱库”

闽东经济发展的潜力在于山，兴旺在于林。森林作为最大的绿色经济体，林下经济正成为宁德乡村振兴的增长极。

在屏南县千亩高山花卉产业园的温室大棚内，一枝枝金黄的文心兰竞相绽放、轻盈飘逸，状若飞翔的金色蝴蝶。花农们忙着管护、包装、外运花卉，销往北京、上海、广州、昆明等地。

地处高海拔、低纬度的屏南县，紫外线强，昼夜温差大，十分适合种植花卉。近年来，屏南县将高山花卉产业作为支柱产业打造，强化招商引资和要素保障，推动高山花卉产业强势崛起，全县花卉苗木企业40多家，全产业链产值达4.9亿元。

林下掘金，生态富民。屏南县紧抓集体林权制度改革机遇，以林地资源和森林生态环境为依托，大力发展林下种植、花卉、竹业等绿色经济产业，确保林农不砍树也能致富，同时实现生态受保护、农民得实惠、产业得发展的可持续发展目标。

截至目前，屏南县从事林下经济的企业有27家，新型林业经营主体20家，累计发展林下经济约20万亩，累计产值44060万元，主要发展品种有茯苓、山苍子、铁皮石斛、金线莲、林菌等，带动农户11070人，走出了一条“绿富共赢”之路。

同时，坚持“以二促一带三”，实施2023年度笋竹精深加工示范县项目，大力扶持2个笋竹精深加工生产线项目建设，补助资金209万元，有效提升了笋竹精深加工生产线自动化水平，不断提高生产效率、扩大产能，促进竹产业一、二、三产融合发展。

宁德人把绿色视为“宝”，绿色也回馈宁德以“宝”。

在宁德市，他们充分激活森林物质财富，持续推动竹产业发展，市内多家“以竹代塑”企业产品走出国门，深受欧美、东南亚采购商的青睐。

在宁德市，他们倾力做靓高山冷凉花卉产业，打造出了屏南棠口千亩

◎屏南高山花卉产业园区工人在培育文心兰（屏南县融媒体中心　供图）

花卉产业园、周宁浦源特色花卉小镇等产业园区，全市花卉苗木种植面积达 10.43 万亩，全产业链产值 34.73 亿元；稀缺多肉组培苗份额占全国 70%，文心兰销售份额占全国 65%。

在柘荣县，他们依托黄精、天麻、灵芝等林药种植优势，打造“一条龙”发展的产业链，发展势头强劲。

屏南县，已发展成为全省最大的山苍子种植基地。

福鼎市，当地黄栀子产量占全国栀子市场份额近八成。

蕉城蜂蜜，古田马蹄笋，周宁草珊瑚，寿宁黄花倒水莲、岗梅，福安铁皮石斛、绿笋等特色产业蓬勃发展。

……

这些年，宁德市积极探索林果、林药、林菌、林花、林下养殖等多种森林复合经营模式，深入实施商品用材林工程、竹业花卉与名特优经济林工程、林产工业工程、森林旅游工程等，着力打通“绿水青山”向“金山银山”的转换通道，初步走出一条具有闽东特色的林下经济发展之路。

目前，全市林下经济经营面积达 120 多万亩，林业总产值近 600 亿元，带动近 10 万户农户实现就业增收。

正确处理好保护与发展的关系，是实现生态效益、经济效益和社会效益共赢的前提。2017 年，福建省政协组织委员前往宁德市开展“推进自然保护区建设”工作考察时提出，牢固树立“绿水青山就是金山银山”的发展理念，正确处理好保护与发展的关系，合理开发，将生态资源优势转化成生态经济发展优势。

诚如斯言！我们看到，宁德市以森林为依托，着力打造践行“三库 + 碳库”生态理念示范区，建设完成黄振芳家庭林场“三库”生态文明学习实践基地暨全国首座“森林党校”；加快发展森林康养、山地运动、亲水休闲养生等多类型森林生态旅游。2022 年至 2024 年 4 月初，旅游人数达 58.88 万人次，创收 5600 多万元。

稳定可靠的“粮库”

仓廪实，天下安。位于蕉城区的三都澳官井洋，至今还流传着“官井洋，半年粮，黄瓜叫，渔民笑”的歌谣，蕉城区也被誉为“中国大黄鱼之乡”。

晨光洒在海面，万顷碧波间，一列列新型塑胶深水网箱如同阡陌纵横的海上农田，色泽金黄的大黄鱼悠然欢游，穿梭其间的渔民们徜徉在“金黄色的美梦”中。

作为一名生于斯长于斯的宁德人，大黄鱼是我儿时过年餐桌上的必备食

◎三都澳海域的渔民在操作网箱起鱼，迎来大丰收（宁德市委宣传部　供图）

物，三都澳也是我常去的地方。但在2018年以前，我看到的三都澳，全是密密麻麻的木制养殖渔排，到处是白浮球泡沫垃圾，特别是台风天期间，垃圾四处漂浮，水质浑浊。

2018年开始，宁德市铁腕推进海上养殖综合整治与转型升级，推动大黄鱼养殖从“规模养殖”向“质量养殖”转变，三都澳海域才迎来了新变化。

中国人餐桌上每10条大黄鱼，就有8条来自宁德。鲜为人知的是，位列中国四大海产之首的大黄鱼，也曾经历过濒临灭绝的危机。20世纪80年代，由于过度捕捞加之人工养殖技术缺失，野生大黄鱼资源一度枯竭。

如今，在宁德这片海上，有30多万人从事大黄鱼养殖及相关行业，无论是清晨还是日暮，在三都澳都可以看到忙碌的养殖人员。这尾鱼，已经成为名副其实的“致富鱼”“振兴鱼”。数据显示，2023年，宁德市大黄鱼产量约21万吨，占全国养殖总量的80%以上，产值约95亿元，全产业链产值超200亿元。

靠山吃山唱山歌，靠海吃海念海经。这些年来，宁德市充分发挥森林覆盖率高、生态系统健康向好的优势，做足“土特产”文章，打造形成蕉城大黄鱼、古田食用菌、福鼎白茶、福安葡萄、霞浦海参海带紫菜、柘荣太子参、周宁高山花卉、寿宁高山茶、屏南高山蔬菜等“一县一业”的农业特色产业发展格局。银耳干品产量占全国的90%以上、大黄鱼产量占全国的80%、白茶产量占全国的58%。闽东“粮库”更加充盈、更加殷实。

“绿富双赢”的发展之路，在宁德越走越宽。

立足悠久的油茶栽培历史，福安等地通过建立专业合作社的发展模式，缩短中间环节，实现抱团发展和群众受益；福安、寿宁、柘荣建立3个油茶良种采穗圃，年培育良种油茶500万株。目前，全市油茶总面积29.5万亩，总产值7.64亿元。

立足竹业资源丰富的优势，宁德市林业局、市发展改革委等十部门出台《关于加快推进竹产业高质量发展若干措施的通知》，提出有力措施，壮大、做深“一根竹”。目前，全市竹林面积 136.52 万亩，产值 29.8 亿元。福安“百里绿竹长廊”、古田“万亩马蹄笋基地”的产业规模、品牌效益稳步提升，助力群众端稳“生态碗”。

黄振芳家庭林场所在的后洋村，引进和谐牧业项目，养殖澳大利亚进口纯种荷斯坦奶牛近千头。柘荣县将林麝作为特色产业来抓，发挥林麝养殖、保育和麝香产业的高经济价值与生态效益，县域林麝存栏量 200 多只，年产天然麝香约 3 千克，经济价值约 1000 万元，成为省域内现代养殖领域的新亮点……

人不负青山，青山定不负人。宁德市牢固树立大食物观，通过念好念实“山海经”，着力打造稳定可靠的“粮库”。

固碳增汇的“碳库”

寿宁县森林面积 129.25 万亩，森林覆盖率达 72.05%，发展林下经济和森林碳汇方面有独特的优势。2022 年 6 月，寿宁县在下党乡成立全国首个双碳教育基地。2023 年 3 月，上线“红色 + 碳汇”生态产品价值实现平台，探索开展“红色 + 碳汇”生态产品交易。首批上线交易的碳汇，来自下党乡乔木林于 2021 年产生的 11644 吨净碳汇。

该碳汇产品的开发对象，主要为寿宁县内的集体和个人林地，核算对象为马尾松、阔叶林、杉木等乔木林。项目计入期为 20 年，其间按年度开展净碳汇量评估。科学量化后的碳汇量，经由寿宁县生态文明建设领导小组备案审批后即可上线交易。

“红色+碳汇”生态产品产生的收益，将主要用于生态环境保护修复、植绿护绿、乡村基础设施建设等地方公益事业。在下党乡试点的基础上，未来该模式将在寿宁全县推广。

森林作为陆地生态系统主体，是实现“双碳”目标的重要路径。“双碳”

大潮涌动，宁德如何进一步创新发力？

周宁县创新“碳汇+”融资模式，引导周宁后洋、苏家山等9个村卖出碳指标3.4万吨，发放碳汇贷136万元。

柘荣县推出“福林·碳汇贷”信贷产品。

福鼎市林业局试点开展全国首单红树林蓝碳生态保护险，福鼎后坪国有林场成功落地全省国有林场首单林业碳汇指数保险。

……

不仅如此，为激活碳汇经济，宁德市还引进碳汇开发机构，在周宁和霞浦国有林场试点开展FFCER（福建林业核证减排量）碳汇项目，共签发碳汇21.95万吨，累计实施碳汇林面积10.86万亩，已成交13.6万吨，实现交易收入138.3万元，有效激活碳汇经济，推动生态效益实实在在地转化为经济效益、发展效益。屏南县计划设计实施CCER（国家核证自愿减排量）森林经营碳汇项目面积39.1万亩。

绿色，正成为宁德工业高质量发展的亮丽底色。

走进上汽宁德基地，能明显见到绿色低碳理念已融入新能源汽车生产的每一个环节。该基地通过优化工艺、节能改造等措施，在能源供应方面全部采用低能耗、环保的国内外先进设备，厂区内太阳能灯随处可见，光伏电站的兴建和投用有效优化了能源消费结构。2023年3月，上汽宁德基地入选2022年度国家级“绿色工厂”。

上汽宁德基地对绿色低碳的不懈探索，是宁德市强力推进工业节能降碳绿色发展进程中的生动注脚。

多年来，宁德市着眼打造全国新能源新材料产业的核心区，加快培育绿色发展新动能新优势，大力发展新能源汽车、电动重卡矿卡、电动船舶、换电试点等新业态新模式，推进一批低碳社区、低碳景区、低碳村庄、低碳海岛、“零碳工厂”建设，努力将宁德建设成为全国电动化示范城市。

可以说，在打造“近零碳”城市上，宁德具有先天优势和雄厚基础。在

◎上汽宁德基地内，工人在新能源汽车生产线上作业（李南轩　摄）

2024 年宁德市两会期间，我也提交了提案《发挥产业优势　打造中国“近零碳”城市的宁德样本》，建议制定切实可行的中长期规划，发挥新能源产业的产品和研发优势，提高应用水平和范围，联动社会力量共同打造“近零碳”城市。

宁德市政协委员刘勇建议，加大扶持力度，重点支持低碳交通、低碳能源等项目；持续优化能源结构，实施清洁能源替代，为加快推进海岛风能、太阳能等可再生能源利用提供技术保障，推动传统能源向绿色低碳方向转型。

目前，宁德已经在全省率先建成海上渔排“风光储充用”一体化示范项目、“菇棚+光伏”项目，全市公交车电动化率 100%，新建住宅小区停车位 100% 配建充电桩，实现了充电设施在全市乡镇、重点工业园区、旅游景区的全覆盖。

筚路蓝缕，以启山林；保护生态，利在千秋。

在宁德，我们看到一个个传统村落，变成了一个个充满活力的绿色经济区。

在宁德，我们也看到一个个曾被忽视的山林资源，经过合理利用，变成了绿色经济的源泉。

在宁德，我们还看到山峦重新披上了翠绿的外衣，河流又流淌出清脆的水声，吸引了各种野生动植物回归。

在宁德，我们更看到曾经被忽视的山水，现在成为游客们向往的胜地，民宿、农家乐如雨后春笋般涌现，村民们不再依赖砍伐，就能实现经济的可持续增长。

人不负青山，青山定不负人。“三库+碳库”生态理念为宁德建设美好家园提供了重要遵循，也为美丽福建、美丽中国建设提供了科学路径。这便是它的最深沉魅力之所在。

作者系中新社驻闽机构管委会成员、宁德市政协委员

以匠心妙艺让国家公园镶上金边

南平市政协办公室

如果说武夷山是一位亭亭玉立、婀娜多姿的美女，那么，环武夷山国家公园建设项目，则仿佛给这位美女添上了一圈五颜六色的花裙边，把她装点得更加魅力四射。

2021 年 3 月 22 日，习近平总书记来闽考察首站就到武夷山国家公园，为南平市、武夷山国家公园导航定向，提出要“建立以国家公园为主体的自然保护地体系，目的就是按照山水林田湖草是一个生命共同体的理念，保持自然生态系统的原真性和完整性，保护生物多样性。要坚持生态保护第一，统筹保护和发展，有序推进生态移民，适度发展生态旅游，实现生态保护、绿色发展、民生改善相统一”。

近年来，南平市深入贯彻习近平生态文明思想和习近平总书记来闽考察重要讲话精神，按照省委省政府工作部署，坚持生态保护第一，统筹保护和发展，创造性提出了打造环武夷山国家公园保护发展带（简称“环带”），即围绕武夷山国家公园周边，划定了 4252 平方千米“缓冲区”，也就是用环武夷山国家公园保护发展带这个“外圈”来保护好武夷山国家公园这个“内圈”。为了把工作落实落细，南平成立由市委书记、市长任双组长的环带工作领导小组，同时调整充实市环带办力量，四个环带县（市、区）相应成立环带办，建立健全了环带推动工作机制。南平市政协聚焦中心强化履职，向省政协提交《关于将环武夷山国家公园打造成人与自然和谐共生先行地的建议》，7 位省领导作出批示，被列为省政协 2023 年重点提案，推进环带建设得到更高层面、更大力度推动。

交通先行强基础

如今，在武夷山国家公园，有一条几乎所有游客都会踏足的崇阳溪漫游

◎春山新雨后——武夷山天游峰景区（刘达友 摄）

道。沿线既有小桥流水，也有碧波浩渺；既有群峰竞秀，也有峡谷通幽；既有古道清风，也有村庄茶园。随意驻足眺望，满眼尽是美景，一条道路勾勒出一幅“百里画廊”。

然而，昔日的“百里画廊”区域，只是一片被遗忘的角落，山川虽壮丽，河流虽蜿蜒，但缺乏有效的开发与利用，使得这片美景难以被世人所知。加上交通不便、基础设施落后等因素，更是限制了其发展的潜力。

这是由南平市环带办成立伊始就论证规划并组织实施的一项环武夷山

◎美丽“环带”公路（梁长明　摄）

国家公园重大基础工程。2021年，依托国家生态文明试验区项目补助资金，这条全线蜿蜒66千米，北起武夷山市崇安大桥，南至建阳区南林大桥，沿崇阳溪而建，将武夷山国家公园、武夷山国家旅游度假区、闽越王城国家考古遗址公园等著名自然与人文地标景观串珠成链的环景区公路项目正式动工。

经过建设者的不懈努力，以生态之道、休闲之道、健康之道、观光之道为功能定位的崇阳溪漫游道已正式投入使用。在发挥日常生态巡护功能的同时，道路沿途精心设置了驿站、公厕、亭台、停车场、充电桩、餐饮住宿、节点公园等完善的服务设施，并提供观光车、自行车等不同游览方式，是观光摄影、骑行健身、户外露营、美食品鉴、亲子休闲、团建拓展等活动的绝佳去处。

长度达251千米的武夷山国家公园1号风景道，是南平市按国家公园风景道的标准打造的一项重点交通提升工程。环线串联起武夷山景区南入口、星村桐木红茶发源地、黄坑景区、德懋堂度假村、楠木林景区、圣迹寺、寒泉精舍、考亭书院、宋慈纪念园、城村闽越王城、五夫朱子故居、上梅柳永故居、下梅历史文化名村、南源岭民宿村点等景点，为游客提供闽北最优质的文旅资源。风景道途经武夷山市、建阳区的11个乡镇40个村，沿线设立集休憩、观光和停车、充电等功能于一体的综合服务驿站、换乘中心以及观景平台，带动沿线乡村全面振兴。同时，251千米风景道也形成了保护武夷山国家公园、防范森林火灾与开展应急救援的重要通道。

据统计，环带建设以来，共推进武夷山国家公园1号风景道及支线、小环线路面改造、世遗1号风景道、光泽省际风景道等交通相关项目建设34个，累计建设改造里程442千米，已完工30个，在建4个，项目总投资29.92亿元，已完成投资25.09亿元。其中武夷山国家公园1号风景道共有项目11个，完工10个。

文旅项目让文化遗产物化活化

环武夷山国家公园保护发展带涉及建阳区、武夷山市、邵武市、光泽县、武夷新区，文旅资源极为丰富，仅涉及的县级以上文物保护单位就有144处，其中全国重点文物保护单位7处、省级文物保护单位29处、县级文物保护单位108处；涉及县级以上非遗项目83个，其中国家级1个、省级14个、市级16个、县级52个。同时，还含A级景区21个，其中AAAAA级景区1个、AAAA级景区7个、AAA级景区10个、AA级景区3个；含省级历史文化名城2个、省级历史文化街区5个、中国历史文化名镇1个、中国历史文化名村2个、省级历史文化名村2个、中国传统村落10个、省级传统村落14个。与此同时，环带还拥有彭祖文化、闽越文化、朱子文化、茶文化、柳永文化等特色文化资源。武夷山是朱子理学的发祥地、世界红茶和乌龙茶的发源地、“万里茶道”起点、首个“中国茶文化艺术之乡”，武夷岩茶（大红袍）制作技艺被列为国家首批非物质文化遗产代表性项目。如此丰厚的文旅资源该如何用好用活，是南平市思考的重点。

通过细致调研，一批实现文旅资源物化活化的文旅精品项目应运而生。通过打造高品质文化旅游产品、创新文化遗产的利用模式以及提升文化遗产的社会认知度等方式，南平市有力地促进了文化遗产的保护与传承，推动了文化产业的发展，并提升了城市的文化软实力，在文化遗产物化活化方面发挥了重要作用。

武夷·梦华录是环带文旅项目建设的重中之重。结合城市体检中发现的环带在历史建筑利用等方面表现较弱、文旅产业融合不足、旅游品质有待提升等问题，地处环带的建阳区针对性地谋划项目，推出武夷·梦华录文旅项目，以复原古代市井风情和展现两宋名家为主线，再现闽北浓墨重彩的历史人文。

武夷·梦华录于2023年4月29日开园试营业，园区占地160余亩，建设旅游道路长度约4千米、停车位面积约3000平方米，拥有完善的消防设施、观光电瓶车、特色路灯、休闲脚踏船、监控安保设施，同时新建仿古建筑、仿古街道立面、仿古牌坊、步行栈道、仿古石板巷道、乡村特色文化馆等。园区最大的特色就是历史文化资源的物化活化利用。建设过程中，迁建约100栋来自全国各地的古建筑，风格各异，保留古代优秀的榫卯、雕花与建造工艺，融入创新设计，通过部分材质、结构革新，物化活化展示了中华传统建筑之美，并结合古典园林元素，打造区别于国内其他同类景区、具有鲜明视觉辨识度的古建筑聚落，使建筑与场景形成旅游吸引力和差异化发展驱动力。与此相配套的公共空间打造工程、商业业态激活工程，则有效融合精美古建筑、艺术馆、戏剧空间、主题餐饮和文化主题乐园等内容，设计出全新的古镇文旅模式，通过“体验时空换装、品古建筑典藏、赏沉浸式演艺、吃非遗特色美食”，将整个景区打造为“活态的宋代文化生活的活力街区”。

武夷·梦华录文旅项目以复原宋代街市风情为主线，以呈现两宋期间闽北盛景为主题，以打造成城市文化会客厅为目标，将闽北浓墨重彩的历史人文再现。如今，此地已成为建阳区的文旅新地标、众多网红的打卡地，带动了相关产业发展。

目前，包括寒泉精舍、五夫朱熹纪念园等在内的一大批文旅精品项目已经建成或正在兴建中，这些项目的实施，为擦亮武夷山国家公园世界“自然与文化遗产地”的金字招牌发挥了积极作用。

探源研学项目增添环带软实力

卓越的文旅项目不仅能照亮区域发展的道路，更是文化传承与环境生态可持续发展的坚强后盾。

2024 年“十一”黄金周，正在武夷山国家公园游览的一个来自成都的摄影爱好者团队，来到了环带推出的探源研学接待点“灵猴趣动课堂”，与猴群来了一场近距离的邂逅。他们在自然导师的带领下，近距离细致观察猴群，学习如何在猴群中辨识猴王，了解猴群生活习性，还用镜头捕捉到了猴子的生动瞬间。独特而有趣的体验让他们直呼过瘾。

如今，在已建成并投入使用的武夷山国家公园 1 号风景道（国家公园段），一批全新的探秘研学旅游项目，正以其独特的魅力，吸引着全国各地的游客前来感受武夷山国家公园自然生态系统中最为重要、自然景观最为独特、自然遗产最为精华、生物多样性最为富集的部分。

如何让项目建设不仅为访客提供丰富的自然探索体验，也为生态教育和生物多样性保护作出积极贡献，这是必须关注的重点。经过一番调研、论证、建设，2024 年的“五一”假期，一批既能使游客们在游玩的过程中求知

◎乐在山水间（范发强　摄）

欲获得满足，又能让他们通过体验增强对生物多样性保护认识的溯源研学基地项目在武夷山国家公园1号风景道（国家公园段）建成并投入使用。

这批新建成的“国家公园探秘研学游”项目，涵盖了多个教学点位和丰富的教学内容。从红星村访客中心出发，途经月亮湾、桃源峪、一里坪、宣教馆、武夷大峡谷等地，访客们可以体验到包括“醉氧植物课堂”“地质气象课堂”“灵猴趣动课堂”“昆虫蛇国课堂”等在内的多个研学项目。项目运营方云谷建发公司正在不断优化游客服务，以及礼宾接待、物业、交通等各项服务，以期满足不同访客的需求，从而吸引更多的访客前来体验，共同探索自然奥秘，保护共同的家园。

《关于将环武夷山国家公园打造成人与自然和谐共生先行地的建议》在省政协主要领导推动、督办下，得到很好的落实。

目前，南平市环带办正聚焦省委省政府对南平提出的打造世界级旅游目的地和福建会客厅的目标定位，全力推进项目建设，带动环带地区自然文化资源资产增值，从系统上实现生态产品价值，使之成为南平绿色高质量发展的引擎和人与自然和谐共生现代化的样本。

“水脉+文脉”的泉州文旅经济发展范式

——泉州市深化河湖长制，做优做活水旅融合文章

泉州市河长制办公室、泉州市政协人口资源环境委员会

泉州是一座以水命名的城市，水是泉州生存发展的根和魂。泉州依山傍海，季风气候明显，河流水系众多，全市1万多平方千米土地上分布大小河流达430条、各类水库454座。可以说，泉州具有丰富的河湖水系资源，水利风景区的开发建设具有广泛的基础。同时，泉州森林覆盖率61%，远远超过全国平均覆盖率（23%），气候温润，四季如春，生态宜居。此外，泉州是我国第一批历史文化名城、东亚文化之都，人文荟萃，特别是作为世界遗产城市、海上丝绸之路的重要起点，文化多元而丰富。泉州有1800多万祖籍泉州的台湾同胞和海外侨胞，泉州的每一片土地、每一条河流都是他们的乡愁故里。因此，泉州的水文化、水经济、水文章大有可为。

“清新流域”——流域环境生态修复的样板

2018年初，泉州将清新流域建设写入市政府工作报告，提出“以流域治理为基础，统筹山、水、林、田、湖、草等系统治理，打造各具特色、清新自然、富有野趣的流域环境生态样板”，这些流域不少已经成为网红打卡点，成为当地的旅游活力带，推动水利风景区成为当地独具特色的名片。随后，制定出台三年实施方案，纳入全市19个乡村振兴专项行动，实施“三个一”

原则。一是规划一盘棋。切实发挥河长制的统筹协调作用，对照水利部、省水利厅水利风景区评价标准等规范，制定《清新流域规划编制纲要》和工程建设指南，实现多方结合。流域治理和交通建设相结合，堤就是路、路就是堤；流域治理和环境保护相结合，治污、截污、清污；流域治理和乡村公共基础设施建设相结合，建乡村公园、休闲娱乐场所；流域治理和林业发展相结合，建绿道、搞绿化；流域治理和农业综合开发相结合，建果园、种花卉，发展观光农业；流域治理和旅游开发相结合，发展乡村旅游。二是河长一支笔。克服“区域、部门各自为战，上游不管下游，左岸不顾右岸，项目规划不统筹、不协调，资金碎片化”等问题，由流域河长牵头抓总，流域河长办统筹协调，整合各部门分散的资金、项目，统筹使用、集中发力，分批、分阶段、分步骤实施流域系统治理。特别是晋江市等地，实行“一条河流，一个专户，河长一支笔审批”机制，集中资源，集中管理，为清新流域建设提供了有力的组织制度保障，效果较为明显。三是水质向好一个目标。坚持“污水不入河、垃圾不落地”，引导涉水部门优势互补、各自融入、各显其功，推进农业、林业、教育、文化、康养等产业深度融合，推动实现“清新流域、生态两岸、富美乡村”，统筹推进治水、美村、兴业、富民。

截至目前，泉州市已基本建成 26 个清新流域项目，累计完成投资 18.8 亿元。泉州市积极创建水利风景区，目前有国家级水利风景区 8 处、省级水利风景区 11 处，数量在全省最多，19 家省级以上水利风景区皆在清新流域的基础上进行提档升级，无论品质还是规模上均具有较高水准。每年吸引各地游客数十万人，已经成为当地经济发展的增长极，充分体现了水利风景区的示范带头作用。如银瓶湖国家水利风景区依托涌溪水库，以水库沿湖、溪两岸山脉、岛屿、峡谷、村庄为基点，将宏伟的工程景观、风光秀丽的山水景观、历史悠久的人文景观有机地串联起来。德化县大龙湖景区主要依托美湖镇小尤溪生态水系、小尤溪沿岸古村落古建筑、美湖镇大龙湖峡谷漂流、大龙湖研学基地等而建。

“以文活景”——擦亮水利风景区文化底色

泉州历史悠久，文化底蕴深厚。在建设水利风景区过程中，泉州市注重挖掘周边独特水文化，在拓展水科普功能的同时，积极向外延伸，打造具有深厚水文化底蕴的品牌。比如，在金鸡拦河闸国家水利风景区建设水利文化展厅，集中呈现了泉州治水惠民、兴水强市的历史画卷。其与山美水库暨“水立方”生态保护展览馆，共同列入泉州向金门供水工程暨两岸通水交流中心，并获批设立为福建省对台交流基地。

河长制主题公园。泉州因地制宜、因河制宜，建设各具特色的河长制主题公园。截至 2023 年底，全市累计建成 260 座河长制主题公园，集中打造

◎金鸡拦河闸国家水利风景区

河长制宣传工作的主阵地，放大河长制宣传引导效应，让群众在散步游园中增强爱河护河意识。

水文化遗产。水利风景区建设不仅体现在水利工程建设、水环境提升和水安全保障上，也体现在对水利文化内涵的挖掘和利用上。泉州市深入挖掘，积极开展河湖文化遗产认定工作，梳理和筛选第一批河湖文化遗产项目共63个推荐上报省水利厅、省河长办，其中安平桥、洛阳桥等20个项目被列入福建省第一批河湖文化遗产项目，占全省1/4，为今后河湖文化遗产的保护、传承和利用打下基础。如大盈溪以安平桥水文化遗产为切入点，打造安平桥湿地公园，建设水文化展示廊道，成为群众争相打卡的网红风景区。

◎泉州河长制主题公园

水文化展馆。泉州认真总结治水经验，把治水实践中的新认识、新做法、新经验予以总结提升，并以水文化馆建设为载体，向社会公众进行展示。截至目前，全市共建有综合性水文化展馆 4 个，其中泉州市级 1 个、惠安县 1 个、永春县 1 个、德化县 1 个。这些水文化馆均免费对外开放，吸引了不少游客参观学习，推动幸福河湖理念深入人心。

“智库支撑”——协会、高校、科研机构助力

泉州注重水文化、水经济领域的研究推广，成立河长学院、幸福河湖促进会、水生态保护与修复创新中心，汇聚高校、社会各界专业人才，开展数

十项课题研究，为水文化、水文章提供智库支撑。

2019 年，泉州创办了全省第一家“河长学院”，在对各级河长及河道专管员开展常态化培训的同时，充分发挥联办高校的科研力量，于 2022 年底启动 25 个水环境治理、水生态修复等领域的课题研究，为今后幸福河湖建设提供科技智力支持。

2020 年，泉州市河长办与市社科联密切合作，选定 10 个课题，动员社科界专家学者参与申报、研究等工作，对泉州流域的现状特点展开实地调研，深入分析查找存在的问题短板，研究提出流域治理保护的对策及建议，形成《以习近平生态文明思想为指引，努力打造泉州生命河、生活河、生态河的美丽幸福河湖》等 10 个课题调研报告。

2021 年 4 月，泉州市河长办与闽江学院签署战略合作协议，共建“泉州水生态保护与修复创新中心”。创新中心针对最迫切的水生态问题，投入

◎泉州美湖小尤溪（樟树王文化）被确认为福建省第一批河湖文化遗产

250 万元，完成首批 3 个科研项目研究，技术论文在核心期刊发表，并获多项专利。

2023 年 5 月，泉州召开泉州市幸福河湖促进会成立大会，落实 139 个成员单位，打造全省设区市中规格最高、规模最大、门类最齐全的市级幸福河湖促进会，整合幸福河湖研究咨询、保护管理、治理建设、调查评价、技术支撑等方面的资源，打造幸福河湖综合研究推动平台。

“乡愁河长”——风景区建设再添新助力

泉州始终把实施河湖长制作为水利风景区建设的重要抓手，选聘“乡愁河长”是泉州市立足本地华侨乡贤多、乡愁氛围浓厚等资源优势，推动风景区河湖治理保护从“政府治”向“全民治”转变的一次重要尝试。搭建企业家、侨胞、乡贤等投身河湖治理保护和开发利用的新平台，做活做强“水文章”。2022 年 11 月，市河长办携手市政协、市委统战部、市工商联、市慈善总会建立了“乡愁河长”制度，首聘 1000 名“乡愁河长”。这些“乡愁河长”包括企业家、社会名流、文化名人等，他们主动担起治水护水责任，认真履行宣传引导、建言献策、协调推动和示范引领的职责，积极开展巡河调研、宣传监督、协调化解水事纠纷，帮助争取各方支持推动河湖治理，破解河湖治理保护难题。如：泉州首位“乡愁河长”、著名艺术家陈文令出资 1000 多万元修建的“金谷溪岸”艺术公园，成为当地民众游玩休闲的好去处。“乡愁河长”、福建省玲珑集团发展有限公司董事长林蓉，通过投资、引资等方式参与坝头溪流域综合整治，使坝头溪流域水清、岸绿、河畅、景美，生态文明建设优良，从而将泉港最具特色的文化标志串联在一起，把这里的山、林、田、古树、古桥、古坝组成了泉港人记忆深处一抹深厚的乡愁。通过这些办法，泉州的水生态价值得到保护和利用，一些水生态产品价值得到转化，让老百姓真实感受到绿水青山带来的实实在在的好处。

◎泉州市安溪县金谷溪风光

人民群众的幸福感是习近平总书记始终记在心上的事情。习近平总书记指出：“治国有常，利民为本。为民造福是立党为公、执政为民的本质要求。”建设幸福河湖，是推动高质量发展、创造高品质生活的现实需要，是人民共享经济、政治、文化、社会、生态等各方面发展成果的必然要求，是人民群众幸福感的重要来源。建设幸福河湖，就是要守住绿水青山的生态财富，并通过系统治理、绿色发展，将绿水青山变为老百姓的经济财富。泉州水利文旅融合发展的一大亮点，在于构建了政府主导、社会参与、市场运作的多元共治格局，通过建立跨部门协作机制，整合资源，形成合力，确保了河湖治理与文化、旅游开发的高效协同。同时，鼓励和引导民间资本、社会组织及公众参与到河湖保护和文旅项目中来，实现了从“政府独唱”到“社会合唱”的转变，实现多方共治共享。泉州充分利用丰富的历史文化资源，以文化遗产为核心，打造了一系列具有地方特色的河湖文化旅游品牌。通过对古迹遗址的保护性开发、民俗活动的创新传承以及文化主题公园的建设，泉州强化了作为历史文化名城的独特魅力，为城市形象的提升和旅游经济的发展注入了强大动力。

执笔人：林财浩、余治国

“革绿”出新　“点绿”成金

——我所经历和参与的“森林生态银行”的南平实践

赵刚源

青峰叠翠，远山含黛。杉木之乡，万木吐翠。从顺昌县国有林场场长岗位上退休后，我并没有闲下来。作为“林二代”，行走莽莽山林，才是最踏实的，特别是将我们这些年探索“两山”转化的奋斗故事，讲述给一批批前来调研、学习的客人听时，我有着满满的自豪感。

时代命题的南平探索

南平，生态环境优越，自然资源富集，被誉为地球同纬度生态环境最好的地区之一，有“南方林海”“中国竹乡”的美誉。全市森林覆盖率达78.89%，主要流域国、省控断面总体水质状况保持稳定，Ⅰ～Ⅲ类水质比例为100%，Ⅰ～Ⅱ类水质比例为98.0%；全市空气质量保持优良，连续9年全省第一。

生态兴则文明兴。探索如何将“绿水青山”转化为“金山银山”的路径，成为当下重要的国家命题、紧迫的时代命题。而解答“绿水青山就是金山银山”的时代命题，对于自然资源富集、生态环境优越但经济发展相对滞后的南平，更显重要且迫切。

如何破题？关键在解放思想、创新理念，打破路径依赖和思维定式，以更高站位、更宽视野谋划发展，着力把资源转化为资本、资金，切实变资源优势为发展胜势。

早在2017年，南平市委市政府便围绕打通“青山”变“金山”的“最后一公里”，建立了以产业生态化和生态产业化为主体的生态经济体系，提出了“生态银行”建设构想，致力于走出一条生态文明建设和经济发展相得益彰的“南平路径”。

顺昌是中国杉木之乡，全县土地面积300万亩，森林面积高达250万亩，林农家庭收入的六成以上来自山地经营。然而，集体林权制度改革后，顺昌县林地呈零星化、碎片化的趋势，同时，随着上一轮林地承包合同逐渐到期，新一轮承包面临着农村劳动力外流、单家独户经营困难等新问题。

林改要让老百姓真正受益就要答好“山要怎么分、树要怎么砍、钱从哪里来、单家独户怎么办”的林改“四问”。

2018年，南平市以顺昌县国有林场为依托，创新探索的顺昌“森林生态银行”正式揭牌成立，成为南平探索“生态银行”创新工作的具体而生动的实践模式之一。这是全国首家“森林生态银行”，即通过将分散、零碎的林业资源进行规模化、集约化整合，由县国有林场实行专业化运营增值，让林农获得长期持续稳定的收益，实现森林经济效益和生态效益的最大化，促进森林增绿、林农增收、集体增财的多方共赢。至今我还清楚地记得双溪街道水南村村民夏六华成为“森林生态银行”的第一位“储户”的情景。“银行”开张那天，她家就“存入”了9亩杉木幼林，拿到编号“0001”的存折。她签订了20年托管协议，除每月可以领到310元的预期收益外，托管期满后，还能拿到除预付收益和成本外的六成纯收入。如今，她家附近的林子已经被打造成了森林生态公园，种上了红豆杉、闽楠等珍稀树种，而她也在公园门口开了家“农家乐”。靠着“森林生态银行”，夏六华一家成功脱贫。

◎顺昌森林生态运营中心

“生态银行”的南平实践

从“时代命题”和“破题之路”，了解“生态银行”建设理念的提出；到“总体设计”和“实践模式”，探索“生态银行”建设运作模式；再到“阶段成果”和“工作展望”，呈现南平“生态银行”建设以来的具体实践，以及对“生态银行”建设工作的未来谋划……

上级部门重视、专家学者探讨、兄弟省市学习、媒体聚焦报道……自2017年底开始，南平提出的“生态银行”理论构想，逐渐推向了落地实操，除形成了顺昌“森林生态银行”模式外，还形成了光泽“水生态银行”、武夷山“文旅生态银行”、建阳“建盏生态银行”、延平“古厝生态银行”等一系列生动的实践模式和案例。

◎ 2021 年 10 月 28 日，福建省林业局局长王智桢（右二）调研“森林生态银行”

这些年来，顺昌依托“森林生态银行”的建设与探索，正进行着一场绿色的林业革命；而光泽盘活了水权，拓展了新业态；武夷山的文旅产业持续蝶变，频频“出圈”；建盏产业更是成为建阳的“烫金名片”；巨口古厝资源赋予乡村新的艺术生命；延平成为影视剧“新晋”热门取景地……

因时而动，应势而为。南平全市“生态银行”试点在理念思路、运作流程、开发模式等方面逐步清晰明确，智力、技术、金融、政策等一套全方位的支撑体系也日益完善：在国务院参事室的指导下，成立了“生态银行”专家委员会，作为核心智库，同时瞄准高端专业管理人才，采取多渠道柔性引才；建立了资源大数据库、“生态银行”信息管理平台、建盏产品分级认定体系，实施林业质量精准提升、林业碳汇方法学等；建立市县两级政策性融资担保体系，并与中国农业发展银行、中国工商银行等金融机构签订战略合作协议，重点支持南平“生态银行”项目建设；出台《南平市支持绿色产业发展十条政策》《关于加强南平市人才工作的十条措施》等一系列配套政策……

智力、技术、金融、政策支撑多向发力，全面保障“生态银行”建设实施，南平的“绿水青山”加速向“金山银山”转化。

“点绿成金”的南平模式

践行绿水青山就是金山银山理念，核心是处理好经济发展与生态环境保护的关系，关键是发展与当地自然资源和生态环境禀赋相得益彰的绿色产业，通过有效盘活自然资源资产，建立绿色发展长效模式，用集约、循环、可持续的方式实现“青山”变“金山”。

这些年来，从创新“生态银行”的南平实践，到探索开展绿色发展机制创新集成改革试点，南平着力推动绿色发展从各领域单轨探索向全方位并轨实践迈进。

武夷山国家公园体制试点工作走在全国前列，成为首批正式设立的5个国家公园之一；南平成功获批全国首个自然资源领域生态产品价值实现机制试点、全国林业改革发展综合试点市；全国首创林长“护林交树”工作制度，林长制考核连续3年排名全省前列，两次位居全省第一，获得国务院督查激励；省级绿色金融改革创新试验区加快建设，下好碳达峰碳中和先手棋，健全完善生态考核评价制度；生态环境部印发《关于对2023年度生态环境领域激励表扬城市典型经验做法给予通报表扬的函》，南平市是全省唯一上榜城市……

绿色，正成为闽北发展中最动人的色彩；绿色，也正成为闽北发展中最强劲的动能。

顺昌“森林生态银行”通过将碎片化、分散化林业资源收储存入，再引

◎ 2023 年 2 月 17 日，国家林草局党组书记、局长关志鸥，福建省副省长王金福等领导调研顺昌县“森林生态银行·四个一”林业股份合作工作

入资本、产业、项目，整体性开展森林质量精准提升、花卉苗木繁育、原料基地建设、林下经济、森林旅游康养、林业碳汇等业务，林业经济综合效益有效提升，林农真真切切得了实惠。例如，顺昌元坑际下村与“森林生态银行”合作经营，不仅植树、培育花卉苗木“增绿”，还发展林下经济，在使村集体收入显著提升的同时，也带动了村民在家门口就业。

如今，在顺昌“森林生态银行”创新实践的基础上，南平还在全国首创“一村一平台、一户一股权、一年一分红、一县一数库”的“森林生态银行·四个一”林业股份合作经营；在全国首创林下空间流转机制，用好林下空间，创新“前端有科技特派员技术团队研究、中端有金融产品支撑服务、后端有专业公司加工收购”的“订单式”林下经济发展模式，形成林药、林蜂、林菌等业态。同时，创新推出“林下经营权贷”“竹塑贷”等绿色金融产品。“森林生态银行”、林下空间流转等典型做法还入选中组部、国家发展改革委、自然资源部、国家林草局等国家部委发布的典型案例或推广清单。

2021 年 11 月 23 日，顺昌县“森林生态银行”及“碳汇+”创新项目在全国 135 个项目中脱颖而出，荣获“保尔森可持续发展奖自然守护类别”年度大奖。南平成为全国林改工作的一面“旗帜”。

作为一名生态产品价值实现机制领域的探索者，尤其是作为一名政协委员，我时刻不忘自己的职责使命，为新时代生态文明建设贡献自己的力量。卸任场长职务后，我把更多心力放在了环保公益事业。我们依托顺昌在全国首创的“一元碳汇”项目，吸引更多的政府部门、社会团体及公众参与到“绿色”事业中来，并探索形成“碳汇+司法”“碳汇+会议”“碳汇+旅游”

◎ 2023 年 10 月 9 日，赵刚源通过顺昌县融媒体中心的微信直播平台为大家介绍“森林生态银行”“林改‘四问’”之“钱从哪里来？”“单家独户怎么办？”

等碳汇交易新模式。2023 年 11 月，“一元碳汇”项目还亮相第 28 届联合国气候变化大会，得到了国内外嘉宾的关注和赞赏。

现如今，我再履新，成为顺昌县零碳环保公益基金会理事长，将继续通过“公益碳汇”的形式，在森林碳汇上做新的文章。而基金会作为“公益碳汇”交易资金的承接方，所得资金将用于绿色低碳发展、乡村振兴、生态产品价值实现以及助力“零碳顺昌”建设等工作。

作者系顺昌县国有林场原场长、顺昌县政协委员

吴建琼　整理

水美

守护海边的黄金宝地

——从“厦门实践”海滩修复说起

戚洪帅

海滩是滨海重要的空间资源，是海岸防潮御浪的天然屏障，也是重要的滨海生态系统，具有独特的生态功能和极大的经济价值。当前，推进高质量发展和生态文明建设给海滩资源保护提出了更高要求。然而，海滩侵蚀是全球性挑战，我国海岸人为活动剧烈，填海造地、近岸采沙和沿岸工程建设等问题较为突出，半数以上的滨海沙滩遭受持续侵蚀而退化。

作为一名长期从事海滩研究和生态修复的科研人员与厦门海滩修复实践的见证者，十多年来，我始终以海滩研究为方向，参与了厦门每一片海滩的修复，亲历了厦门海滩资源的系统治理。

面对海滩的破坏，我们能做什么

海滩通常被称为滨海沙滩，是由砂砾沉积物组成的海岸地貌单元，是人们亲水的好去处。海滩是陆海物质和能量交换的关键区域，具有防灾减灾、生态服务、旅游休闲三重功能，在沿海生态环境保护和国民经济发展中发挥着重要的作用。海滩具有独特的滨海生态系统，生态功能丰富，生态和社会价值巨大，它既是海岸的一条安全屏障，可以抵御台风、风暴潮等自然灾害，亦是为人喜爱的旅游、休憩与水上活动场所。据不完全统计，我国海滩价值高达 6 万多亿元，平均每年产生经济价值 4000 亿元，是海岸带的黄金宝地。

然而，近 40 年来，我国海岸侵蚀风险日趋加剧，约 80% 的大陆海岸侵蚀脆弱性处于中高等级。1993—2022 年，中国沿海海平面上升速率为 4.0 毫米 / 年，高于同时段全球平均水平。中国沿海高海平面加剧了风暴潮致灾程度。河流入海泥沙量锐减造成海岸泥沙收支亏失，导致我国海岸侵蚀范围和程度增加。过去数十年的高强度的沿岸和近岸开发活动也是海岸侵蚀的重要因素。高强度人类活动影响下砂质海岸侵蚀是全球面临的共同问题，而海岸侵蚀导致海滩受损破坏在我国普遍存在。

我国是全球三大热带风暴作用区之一，每年影响我国的台风比较多，而福建又是高风险区。1999 年 10 月 9 日，14 号台风“丹恩”在厦门附近登陆，狂风暴潮巨浪的袭击导致沿岸景观带及其附属设施、占滩建筑破坏严重，台风过境后的海岸满目疮痍，厦门岛周边海滩遭受严重破坏。这次台风灾害让我的导师蔡锋研究员（九三学社福建省委会副主委、九三学社厦门市委会主委）陷入了深思：海滩在台风下会怎么变化？海滩受损破坏如何缓解？台风灾害如何应对？……在蔡老师指导下，海滩对风暴的响应成为我的研究方向。在随后的几年里，我们成了“追风人”，台风到哪里，我们的调查研究就跟到哪里，“碧利斯”“凤凰”“圣帕”“黑格比”“莫兰蒂”“天鸽”“山竹”……多年的追风经历，让我们深深理解海滩对海岸的保护作用，海滩是海岸防灾减灾效果最佳的“金丝软甲”。面对海岸侵蚀和海滩破坏，我们也逐渐找到了解决方案——海滩养护，通过工程手段迅速地增加海滩宽度，维持、修复或重塑海滩功能。这项技术充分尊重海滩自然过程，弥补人类活动对海滩的破坏和负面影响，是一种可持续的、自然的、适应性强的海岸修复技术，可以实现防灾能力和滨海休闲空间质量的同步提升。

我们从厦门出发，亲历“厦门实践”

作为根植厦门的自然资源部属海洋综合研究所，服务于厦门海洋保护和经济发展是自然资源部第三海洋研究所（以下简称“海洋三所”）的本职工作。蔡锋所长带领的海滩研究团队始终把厦门海滩资源保护修复作为己任，从厦门出发，开始了我国海滩修复技术的探索之路。我有幸亲历了海滩修复的“厦门实践”全过程。

厦门是一座典型的海湾型城市，城在海上，海在城中。城市和海洋的和谐共促一直是厦门发展坚守的理念。厦门旅游休闲产业完善、旅游休闲环境和谐，而海滩资源是厦门旅游重要的资源支撑。如何保护和利用好宝贵的海滩资源，一直是厦门发展的核心问题。为了实现防灾能力、生态功能和经济活力的同步提升，厦门市先行先试，大胆踏出了我国海滩修复的探索和实践之路。

厦门是我国海滩养护的先行者。海滩养护技术作为砂质海岸的柔性防护的主流技术，自 20 世纪五六十年代起便逐渐在欧美兴起和广泛应用，但在国内始终没有得到认可，一方面是长期以来我国海岸防护以被动式防御为主，主动适应性修复理念尚未形成，而更多的一面则是对“沙子是否留得住”的质疑。早期国内有过零星的、不成规模的浴场补沙，但始终未将其作为海岸防护的技术进行系统研究。在厦门市政府的支持下，厦门开始了大胆的尝试，2007 年成功实施了真正意义上的海滩养护工程——厦门观音山沙滩修复，由此开启了我国沙滩修复的先河。

以观音山沙滩修复为起点，厦门市稳扎稳打、逐步推进，陆续开展了一系列沙滩保护修复实践。据统计，厦门市共系统修复了 12 处 20 余千米长的海滩岸线，修复总面积达 100 多万平方米，促使修复海滩与原有天然海滩有机结合、连成一体，形成了厦门现有滨海风景线和海岸海滩防护体系，改善

◎厦门海滩修复成果——音乐广场卵石滩

◎厦门海滩修复成果——会展中心海滩

了厦门海岸景观风貌，提升了城市品位，推动了厦门滨海旅游业发展，也使得厦门成为我国海滩养护技术的示范区。

伴随着厦门实践，我们海滩修复研究团队针对厦门沙滩存在的问题，因滩施策，不断探索，将在厦门的做法总结为可借鉴经验，形成了从沙滩保护修复理论研究、关键技术研发到工程应用推广的系统成果，建立了适合我国海岸带自然特征与社会经济发展特点的海滩保护修复方法体系，编制《海滩养护与修复技术指南》等行业标准，出版《中国海滩养护技术手册》，推动了海岸防护工程技术进步。相关研究成果获 2023 年度国家科技进步奖二等奖。

守护碧海金沙，海滩养护工程在全国遍地开花

厦门先行先试的成功，改变了大众“大浪淘沙”的思维定式，让重塑海滩成为现实。海滩养护技术也逐渐被肯定，得到主管部门、科研单位和行业同行的普遍认可，首批入选《国土空间生态修复创新适用技术推广名录》，成为“我国海洋生态修复领域的重要支撑”，推广应用于全国海岸保护修复，支撑了“蓝色海湾”“海岸带保护修复”等国家重大工程。随着经济社会发展对滨海沙滩旅游休闲需求的提高，许多滨海旅游城市相继实施了海滩养护工程，修复海滩数百千米。

作为我国海滩保护修复的主力团队，海洋三所带领的海滩修复团队在近 20 年间共完成了 120 余项沙滩修复养护工程相关的核心技术工作，承担了全国约半数中央资金支持的沙滩修复项目，推动了我国海滩修复实践的跨越式发展。

我们不断探索，不断前行，在全国沿海各地推广应用海滩养护技术。

在珠海，系统开展情侣路沿线海滩修复，先后完成香炉湾、美丽湾等

多项修复工程，成功修复滨海沙滩 4.2 千米，使海滩综合防护能力得到明显提升，经受住了“天鸽”“山竹”等多个超强台风的正面袭击，为珠海市民和游客提供了宝贵的亲水空间，年游客量达千万人次。香炉湾修复工程成为海岸生态修复的典范，得到国内外一致认可，获“IFLA Award of Excellence”（国际风景园林师联合会卓越奖）、“Dame Sylvia Crowe Award–LI，UK Royal”（英国皇家风景园林学会奖杰出国际贡献奖）、“中国人居环境范例奖”等奖项。

在日照，完成了全国首例退港还海修复项目，成功修复岸线 1.88 千米，得到中央电视台《焦点访谈》和中央人民政府网的报道和宣传，入选自然资源部 2023 年海洋生态保护修复典型案例。

在福州，构建了“防护林—后滨沙丘—沙生植被—海滩”地貌—生态相融合的海岸减灾自然防护屏障，修复岸线 5.2 千米、后滨沙生植被 15.5 万平方米，显著提升了海岸抵御风沙和风暴浪潮的能力。该工程入选世界自然保护联盟 IUCN《海岸带生态减灾协同增效国际案例集》，为全球 8 个经典案例之一。

在温州，实施了洞头诸岛的海滩修复工作，打造了“优秀海洋工程”。在大连、在秦皇岛、在海口、在北海……每一处都倾注了“海滩人”的心血。海滩修复工程在全国海岸遍地开花。

海岸保护任重道远，我们将持之以恒

海滩修复技术从试验尝试到广泛应用，前后已历经近 20 年。长期的科研攻关和修复实践，已经形成了适合我国国情和海岸特征的海滩保护修复准则，即始终恪守尊重自然、顺应自然、保护自然的原则，充分发挥海岸自我修复能力，以自然恢复为主、人为干预为辅，避免海岸线人工化。从陆海

◎向泰国同行讲述海滩保护技术

统筹的角度全面考虑海滩修复的可行性，通过海滩修复与岸线整治以及生态修复，最大限度地恢复海岸自然形态、地貌单元和生态系统，提升海岸防灾减灾能力，恢复和改善海岸生态功能。同时，海滩修复提供了滨海娱乐空间和生物栖息地，拓展了市民和游客的亲水空间，推动了滨海旅游业的快速发展，践行了绿水青山就是金山银山理念，以高水平保护推进高质量发展。

然而，相对于我国海滩资源的半数受损的态势，海滩修复工作还远远不足，海滩保护修复亟待多元化和持续性推进，建议首先从政策法规、规划布局、海滩管理、监测评估等方面整合海滩资源，统筹制定海滩保护与开发利用规划，建立海滩资源管理保护体系。其次，应支持社会资本投入海滩环境整治修复工作，建立海滩综合管理、养护与生态修复的多元化投资机制。最后，加强对海滩保护的宣传教育，普及海滩保护知识，增强公众对海滩的保护意识。

作为我国生态文明建设者中的一分子，我从厦门出发，参与并见证了我国海滩修复从萌芽到蓬勃发展的历程。目前，我国海岸保护工作仍任重而道远，需要持续而系统地推进。我必将坚守初心，持之以恒，为我国海滩资源保护贡献自己的一份力量。

作者系自然资源部第三海洋研究所研究员

清澈的爱，献给最美家乡河

凌明信

正是江南好风景，落花时节又逢君。

春日里，当我再一次站在木兰溪综合治理纪念馆前，听着潺潺的木兰溪水声，内心久久不能平静。

我在莆田市工作近30年，作为一名新闻工作者，我的脚印遍及木兰溪两岸的山山水水。那一泓木兰溪水，如同一股清泉，滋润着我的心灵。蓦然回首，溪两岸那人面桃花相映红的经典画面，从记忆深处浮出。

“木本水源，云山苍苍，兰薰桂馥，溪水泱泱。”木兰溪，是莆田人民的“母亲河”。处于青山叠翠、林海茫茫之中的木兰溪源头，一汪清泉从石缝中汩汩而出，经过105千米的长途奔跑，流过了一座文采斐然的“海滨邹鲁”。它以肥沃与壮美的生命场景，以无边无垠的乡愁情思，让溪流有声的芳华留在每一个莆仙人生命最柔软的地方。正如郭沫若赞曰：“清清溪水木兰陂，千载流传颂美诗。”

一座生态丰碑

春水微澜生，氤氲岚烟起。莆田的先民用千年的时光，逐水而居，环湖而生。弓一样的石拱桥，苍青色的石板路，燕子脊的红砖厝，这片诗意栖息之地，舀一杯夜色，满眼都是岁月的芳华。

然而，不知从何时起，狂风暴雨，木兰溪洪水泛滥……特别是1999年的那一次台风。亲历那场暴风骤雨的我，至今思来仍心有余悸。

木兰溪，这条莆田人民的母亲河，她肩挑山海，自历史深处流淌而来，又手挽风云，向时代潮头奔去。她流传“与水抗争”的千载故事，也颂扬“科学治水”的当代传奇。25年来，历届莆田市委市政府牢记嘱托、感恩奋进，一张蓝图绘到底，久久为功，在木兰溪综合治理方面取得了显著成效，建成全国首条全流域治理水系，使木兰溪成为造福莆田人民的生命之水、安全之水、生态之水、金银之水，成为新中国水利史上“变害为利，造福人民”的生动实践。从水患之河到清波安澜，这是一座生态文明的丰碑！

2017年，木兰溪获评全国十大“最美家乡河”。

◎木兰溪畔，清波安澜（陈晓威　摄）

“她，化水为乳，滋养着一座‘古府新市’；她，以血为脉，成就了一座‘文明新城’。”这是时代给予木兰溪的颁奖词。

一份履职答卷

问渠那得清如许，为有源头活水来。

每个时代最深的刻痕，总有奋斗者笃行的足迹。2024 年是习近平同志启动木兰溪治理工程 25 周年，也是莆田市政协成立 40 周年，回顾 40 年来的履职历程，有许多难忘的画面和记忆。特别是，为了守护一泓木兰溪水，为了让木兰溪这个“生态样本”熠熠生辉，一届接一届的各级政协委员，践

履笃行，感恩奋进，深入贯彻落实习近平同志治理木兰溪的重要理念和“保护好湄洲岛”的重要嘱托，与莆田市委市政府同频共振、同题共答、同心共进，为这片“荔林水乡”倾注了无数清澈的爱和情感，展现出了政协角度、政协气度、政协温度。

云霞出海曙，梅柳渡江春。从 1984 年到 2024 年的 40 年间，莆田的省市县（区）三级政协委员共提交 64 件关于木兰溪治理的提案。委员们从多角度、多层面、宽领域，提出一系列有针对性的意见建议，许多被市委市政府吸收采纳，转化为实践举措。

“莆阳一水分南北”，南北洋平原又称莆田平原或兴化平原，地处木兰溪下游的南北侧，木兰溪以北的平原统称“北洋”，以南的统称“南洋”，总面积 464 平方千米，为福建省四大平原之一，仅次于漳州平原和福州平原，是莆田市最大的粮食、甘蔗、水果、蔬菜及水产品产区。南北洋平原依山面海，物华天宝，一马平川，300 条碧水曾经编织着南北洋的生命摇篮，密布的蓝色脉络滋养着一个个佳话。郭沫若先生在《途次莆田》中说：“荔城无处不荔枝，金覆平畴碧覆堤……漫道江南风景好，此乡鱼米亦如之。”

一段时间里，南北洋平原密布的内河污染严重，生态资源受到破坏。2001 年 4 月，莆田市政协委员吴国恩提交的《关于南北洋内河水系综合治理问题的提案》被列为重点提案。自此，在莆田市政协的极力推动下，南北洋平原 464 平方千米沃土再现水清岸绿。

2018 年，莆田市政协开展“打造木兰溪两岸综合走廊景观工程”专题协商，从顶层设计、水系保护、沿岸空间预留、综合景观建设等方面分析木兰溪治理现状，提出着力打造生态木兰、文化木兰、富饶木兰等意见建议，形成《关于把木兰溪流域打造成全国水生态文明建设示范区的调研报告》，得到省政协领导和莆田市委主要领导充分肯定。同时，组织莆籍省政协委员联名提案，促进了木兰溪整治纳入全省“五江一溪”治理的重点工程，着力推进木兰溪治理从单纯的河流治理向生态治水转变。

◎千年荔枝千年树，千年荔谱千年城。每年7月，荔枝红是莆田最美的城市底色，两岸红垂万树，万家登梯采荔，构成一幅荔林水乡美景图（陈晓威　摄）

2022年以来，莆田市政协紧扣市委“以木兰溪综合治理为总抓手”的工作部署，发挥职能优势，精心打造履职平台，编辑《感恩奋进——莆田市政协30年木兰溪综合治理提案汇编》。2022年4月开始，莆田市政协创设“委员履职活动日”平台，聚焦全市工作重点、民生热点难点确定活动主题，以委员访谈、视频展播、专家连线、部门回应等形式，全方位、全过程、全景式展现政协委员履职历程。市政协先后两次开展以木兰溪综合治理为主题的“政协委员话莆阳”活动，组织省、市、县（区）政协委员，通过线下主题沙龙、深入木兰溪沿线等形式，从政治、生态、经济、文化、民生等角度建言献策。

2022年下半年，市政协还组织委员沿着木兰溪两岸采风写生，引领广大政协委员和书画艺术家，用笔墨描绘木兰溪流域人与自然和谐共生的美好景象，记录莆田人民牢记嘱托、感恩奋进的实践成果，并汇编《放歌木兰溪》和《墨韵木兰溪》。同时，还举办墨韵木兰溪书画展，以艺术作品的影响力和感染力，来讴歌木兰溪，达到了无声胜有声的效果。这是莆田市政协履职工作的重要成果，得到了全社会广泛的关注和支持。

2022年，福建省委省政府出台政策，赋予莆田“践行木兰溪治理理念、建设绿色高质量发展先行市”的特殊使命。围绕莆田市委市政府作出的行动方案，莆田市政协第一时间制订实施方案，发挥政协职能，付诸行动，把脚踩在泥土里，持续深化拓展木兰溪治理，助力莆田建设绿色高质量发展先行市。同时，莆田市政协推行“委员河长”工作机制，从2023年8月15日首个“全国生态日”首批66名市级“委员河长”走马上任以来，截至目前，已累计巡河375次，推动解决问题83件；220名县区级“委员河长”累计巡河1100次，有力推动了河湖治理保护工作。

从发展绿色经济、赋能乡村振兴，到数字赋能非遗、焕发文旅新态；从科技创新赋能、产业转型升级，到培优民营经济、打造食品链条；从优化交通布局、助推港产城联动，到突出开放招商、强化项目带动，20多年间，按照生态优先、绿色发展、人与自然和谐共生的要求，政协委员们的声音一次次激荡着木兰溪水：一篇篇调研报告，描绘栖凤的亭台和飞檐的楼群，点染花果的笑容和稻谷的芳香，努力聚“政协之能”助“莆田之为”，演绎了不负时代、不负人民的“政协故事”，荟萃了弥足珍贵的共同记忆。

如今，在莆田市政协的极力推动下，木兰山下陂水清，南洋北洋风日晴。水上巴士成为莆田的金名片，成为老百姓家门口的“诗和远方”。这是最大的民生福祉！

一幅幸福卷轴

有一种幸福，叫生活在木兰溪畔。

25 年光阴荏苒，我驾驶着镜头里的方舟，穿越了木兰溪的四季。镜头中，有古陂、古堰、古桥、古井，有千年元宵、千年戏曲、千年木雕、千年红团、千年龙舟，有“一门九刺史”“一门五学士”“一门三宰相”“魁亚占双标”的科甲佳话，有吴兴斩蛟龙、钱四娘筑陂、李富修桥梁、陈文龙护

◎ 2024 年 11 月 27 日，黄文辉副主席带领文化文史和学习委员会委员考察木兰陂

城、林兆恩驱疫的感人故事，这些璀璨的人文景观和历史印迹，构成了一座国家历史文化名城。镜头中，也有一束束新时代的光焰：木兰溪源头有180平方千米的省级自然保护区，轻轻叫一声竹林、松海、油杉、映山红、油茶花的名字，就感到灵魂里生出温柔和芬芳；流经中心城区有65平方千米城市生态绿心、6万亩的荔枝林带，北宋蔡襄《荔枝谱》的“小香囊”伴随着兴化儿女迎福、纳福、赏福、送福；木兰溪河口也经过实施国家“蓝色海湾”整治，新晋了一批网红打卡点，再现了“落霞与孤鹜齐飞，秋水共长天一色”的壮阔美景。

25年岁月如歌，仙游山溪源早晨清丽的阳光、龙华金溪茶山的神韵、仙游城溪岸摇曳的绿意、南北洋平原绰约的村落、荔林水乡厚重的文脉、白塘湖畔枕水的人家、木兰溪入海口破浪的船只、一溪两岸璀璨的花灯，萦绕于我心中挥之不去……

木兰溪，卷带莆田大地的文脉、神脉、艺脉、商脉，冲刷、流转、造化莆田人的个性，积淀着莆田儿女最深沉的精神追求、精神基因、精神标识。是呀，新时代的莆田大地，有江山之雄，有文物之盛，那一条条通往荔枝林、龙眼林的乡村道路，成为兴业富民的“产业道”、灿烂多彩的“文化道”、山清水秀的“生态道”。“闽越江山，莆阳为灵秀之最”，闽中“文章初祖”黄滔如此赞美莆田。人们在这座国家历史文化名城中，感知书香莆田、气质莆田的温润与蔚然，灵秀莆田、实力莆田的壮美与浩荡。

鹰击天风壮，鹏飞海浪春。奋进在充满光荣和梦想的新征程上，政协委员们正与365万莆田儿女一道牢记嘱托、感恩奋进，以实施木兰溪综合治理写入国家“十四五”规划和2035年远景目标纲要为契机，以打造全域幸福河湖为目标，以木兰溪流域综合治理为总抓手，打造人与自然和谐共生的美丽中国幸福河湖样本。

作者系福建省作家协会会员、莆田市政协《莆田侨乡时报》社副总编辑

来之不易的省级地方标准：《“政协委员河长”民主监督规范》

三明市政协研究室

《“政协委员河长”民主监督规范实施》——2024年3月2日，《福建日报》刊发的这篇397个字的消息，引起了广泛关注。

三明市政协干部们读着这则消息的时候，内心充满了欣喜和激动。397个字的背后，是三明“政协委员河长”极为重要的阶段性成果，更是人民政协与党委政府、人民群众想在一起、干在一起的展现，体现了人民政协一线履职的姿态和作风。

三明是一座山城，这里，一眼望去满是青山，但这并不影响我们对水的眷恋。河，没有海的澎湃，只静静地滋养山城。每当晨曦初照，或是夕阳西下，沙溪河边总是能看到人们散步、垂钓的身影，那是山城人与自然和谐共处的生动写照。

为什么探索“委员河长”？因为我们身有责任和担当

2020年，三明市政协的一项重要工作就是积极探索民主监督和委员联系界别群众的载体抓手。民主监督虽然是人民政协三大职能之一，但是相对于政治协商、参政议政而言，职能作用发挥还显得较为薄弱，“协商容易监督难”“建议容易批评难”等现象一定程度存在。我们希望选择一个既是党政中心工作，又被老百姓时常挂念的问题作为切口，做好一项监督，以点带面探寻深化改进民主监督工作的路径。

在一次会议上，时任市政协人资环委主任吴联派提出了一个想法：选聘政协委员担任“委员河长”。经过和水利局领导的研究和讨论，大家都觉得“委员河长”这个想法可行。原因有三：一是用好政协话语权，扩大政协影响力。市河长办作为市政府常设的一个议事协调机构，挂在水利局，有关领导由水利局的领导兼任，工作上却要“领导”“派工”生态环境局、自然资源局等多个平行部门，有时有点力不从心。如果有政协牵头介入此项工作，协调起来或许方便得多。二是激发委员责任担当，提升政协履职质效。能当上政协委员的，都是各界别中的精英，其中有不少三明本土的企业家，组织他们巡河，可以增强他们保护生态环境的“主人翁”意识，更好地传播节能减排、绿色发展的理念。三是充分发挥社会主义协商民主的独特优势。人民政协不代表任何阶级、任何部门的利益，加上与人民群众联系紧密，能公正、客观地发表意见建议，帮助提升和改进河湖长制工作。

随着确定着手实施这件事，市政协与市河长办就选聘条件、责任义务、组织保障等几个方面达成了共识。2020 年 7 月，市政协发布《关于进一步深化河湖长制　选聘百名政协委员担任“委员河长”的通知》，鼓励市、县两级委员踊跃报名。同年 8 月，市政协举行聘任仪式，并且同步进行巡河业务方面的培训，这也标志着三明市第一批共 115 名“委员河长”正式上岗履职，正式拉开“委员河长”工作序幕。

2022 年 2 月，市县政协换届后，经过新一轮“委员河长”选聘工作，三明市“委员河长”人数由 115 人增至 391 人，涵盖省、市、县三级政协委员，“委员河长”队伍进一步发展壮大。

“河长干什么”“河湖怎么巡”“监督怎么查”“问题怎么报”“意见建议怎么提”……实践中，我们面临着一个又一个问题和挑战。

于是，由市政协分管副主席蒋先东带队，市政协人资环委组织调研组，先后深入市城管局、生态环境局、农业农村局、住建局等市直部门和清流、尤溪等县，采取实地察看、听取情况介绍、座谈交流等形式，持续对全市河湖长制实施情况开展专题调研。各个县（市、区）政协、各个“委员河长”在实践中摸索出的好经验、好做法被逐步吸收、提炼，纳入《政协委员河长履职实施办法》《三明市“委员河长”履职考评办法（试行）》等政策文件中。

我们建立责任落实机制，印发“委员河长”工作实施意见，明确“委员河长”五项主要职责（加强宣传引导、及时反映问题、开展视察调研、强化监督评价、做好引领示范）、“六个一”履职要求（每月巡护河段一次、每季民主监督一次、每年参与宣教一次以上、每年视察调研一次以上、每年提出

◎“委员河长”带领学生参加巡河护河活动

建议一条以上、每年履职述职一次）；建立评价激励机制，对委员巡河实行“每月一通报”，每年通报表扬履职考评前20名的“委员河长”；建立履职保障机制，开发“巡河”APP，实现“问题（建议）上报—中心分办—部门处置—河长评价”闭环机制。这些机制的建立，保障了“委员河长”工作更加顺利地开展。

同时，我们把“委员河长”工作与委员工作站（室）、界别议政厅、乡镇联络组等一线协商平台结合起来，带动更多界别群众加入巡河护水大军。比如，企业家“委员河长”带领职工巡河，教师“委员河长”带领学生巡河。广大“委员河长”坚持“开门问水”，既提升了履职质效，也让爱水护水的理念深入人心。

经过两年的运行，“委员河长”工作日渐成熟。

为什么要探索“省级标准”？因为护河非一市一地之事

这些年来，我们欣喜地看到“委员河长”通过巡河问水、视察监督、协商建言等方式，充分发挥政协民主监督作用，示范引领界别群众共同关心、支持、参与河湖治理，集智聚力打造“水清、河畅、岸绿、景美”的美丽河湖、幸福河湖，同心共守绿水青山。

河长们的辛苦指数换来了青山绿水的美丽指数。三明市成为全省唯一连续四年（2019—2022年度）获得河湖长制省对市考核第一名的设区市，全市综合水质指数连续三年（2020—2022年度）蝉联全省第一，连续两年（2019—2020年）获国务院督查激励通报表扬。时任市长李春受邀在中组部举办的全国河湖长培训班上介绍三明经验。

一花独放不是春，百花齐放春满园。闽江浩浩，连山接海，途经福建38个县（市、区）。护河，非一市一地之事。河湖长制是福建全省推广的工作制度，也需要省级标准来使其更加完善。这些年三明探索出的丰富而具体的实践经验，为《“政协委员河长”民主监督规范》的诞生打下了良好的基础。我们的目标就是加强“政协委员河长”工作标准化、制度化、规范化，充分发挥标准化在绿色发展和基层治理中的支撑引领作用。

2022 年 8 月 9 日至 10 日，一年一度的三明市政协“委员河长”工作现场推进会在建宁县召开。会后，市政协人资环委和市河长办的同志一起拿着《“政协委员河长”民主监督规范》的初稿向省水利厅、市政协领导进行了汇报。

关于《“政协委员河长”民主监督规范》的构想，实际上有两层意思，于三明来说，作为“委员河长”机制的先行探索市，我们想通过运行两年以来的经验，总结出一套规范，由官方认可发布，把“委员河长”机制打上三明烙印。于全省乃至全国来说，通过总结经验建章立制，进一步规范“委员河长”民主监督运行程序，明确监督内容与形式，通过规范引领，逐步形成工作标准化，成为可以推向全省乃至全国的经验。这个构想，得到了省水利厅、市政协领导的一致认可。

2022 年 8 月至 2023 年 7 月，市政协、市河长办共同牵头成立了标准起草小组，收集整理相关资料，拟定标准草案稿和申报书，向福建省市场监督管理局提出福建省地方标准《“政协委员河长”民主监督规范》的立项申请。

说实话，从无到有地编制一个省级地方标准，大家心里都没底，一方面是对省级地方标准的申报流程、要求不太了解；另一方面，标准要有代表性，我们对于“委员河长”机制能否被作为典型经验在全省推广信心不足。好在市政协主席宋志强一直为大家鼓劲，让我们好好总结，把这几年来“委员河长”的经验和成绩总结好、做法和流程归纳好，并表示会全力协调立项事宜，绝不让大家做无用功。

2023 年 1 月 9 日，市政协副主席蒋先东带队赴省市场监管局对接河湖长制标准化试点建设项目，推动“委员河长”履职标准立项工作，向省市场监管局介绍了三明市创新探索“委员河长”工作机制的主要做法；市水利局相关负责人汇报了三明市河湖长制标准化试点建设项目总体进展情况。省市场监管局对三明市大力推进河湖长制标准化试点建设，在全省率先探索“委员河长”工作机制等做法表示肯定，对“委员河长”履职工作标准的研制提出了具体指导意见，并表示将在标准立项、研制、起草、审查、发布等方面给予全方位技术指导和支持。

此次编制《“政协委员河长”民主监督规范》历时 11 个月。为了使编制工作更规范，市政协多次组织市河长办与省标准化研究院召开专家研讨会，并将《“政协委员河长”民主监督规范》征求意见稿发送省政协、省河长办及全省 9 个设区市和三明下辖 11 个县（市、区）的政协、河长办共计 40 个单位公开征求意见。根据所收到的意见，我们进一步完善标准的框架结构、民主监督内容、民主监督形式等多方面内容。同时，让我们很受鼓舞的是，省市场监管局指派省标准化研究院全程提供技术支撑，共同参与标准编写。

省市场监管局组织专家组审查后认为，“政协委员河长”地方标准的制定，符合《福建省人民政府关于全面实施标准化战略的意见》中提出的“推动绿色经济标准化，充分发挥生态省优势，提升河湖长制工作标准化水平”的要求，也有利于充分发挥政协民主监督、参政议政作用，营造社会各界共同关心、支持、参与和监督河湖管理保护的良好氛围。

由于我们是出台省级地方标准，在获批立项过程中，需要有一个省直单位作为归口单位，我们专程赴省政协汇报该项工作。省政协领导表示大力支持，同意由省政协办公厅作为归口单位向省市场监管局提出立项申请。

在多方的共同努力下，2023 年 11 月 29 日，福建省市场监管局发布公告，正式批准《“政协委员河长”民主监督规范》福建省地方标准发布。同年 12 月，省政协主席滕佳材批示，要求在全省认真总结推广三明市“委员河长”经验做法，以打造全省政协工作品牌。

《“政协委员河长”民主监督规范》福建省地方标准于 2024 年 2 月 29 日正式发布实施，这是该领域标准的全国首创，也是省政协为归口单位的第一

◎ 2024 年 7 月，省政协党组书记、主席滕佳材在三明调研“委员河长”履职情况

个省级地方标准，具有划时代的历史意义。

2024 年 3 月 7 日，省政协在三明市泰宁县召开推广宣传《“政协委员河长”民主监督规范》工作座谈会，省政协副主席张国旺出席并讲话；省市场监管局副局长刘先义作解读，他表示，《“政协委员河长”民主监督规范》福建省地方标准明确了“政协委员河长”履职规范，为“政协委员河长”工作提供了技术支撑，为优化提升福建省河长制工作管理全过程提供了保障。

会上，省政协副主席张国旺对三明市“委员河长”工作成果表示了高度肯定。这是对大家多年来辛勤履职的肯定和激励，大家发自内心地希望“委员河长”们再接再厉、再创佳绩。

标准的生命在于实施。因此，标准的发布不是终点，而是起点。在下一步工作中，我们将重点抓好《“政协委员河长”民主监督规范》的实施应用，

◎ 2024 年 3 月 6 日，三明召开全市深化“委员河长”工作会议

以三明河长制管理国家级标准化试点为依托，以三明市“政协委员河长”两年以来的工作经验为主体，在实施过程中凸显履职选聘规范化、巡河调研信息化、问题处理智能化等工作亮点，系统总结提升并吸收借鉴福建省其他设区市“政协委员河长”运行情况和经验成果，不断完善和丰富标准内容，通过标准提升实现标准引领，为全国提供可复制、可推广的河湖管护以及政协委员下沉一线开展民主监督的经验，与全省乃至全国的政协委员一起同题共答讲好福建“山水故事”。

执笔人：周驰

用脚步丈量河道，以责任把脉内河

郑梦靓

我是一名给排水设计师，我的主要工作是跟河流及市政管道打交道，解决河道和生态环境污染问题。近年来，我多次参与莆田木兰溪、漳州九龙江以及福州城市内河水系等省内多条河流的治理。在从事本职工作的同时，我还认真履行民进会员参政议政职责，通过撰写提案，推动城市内河水系持续性、持久性改善。

水系初印象

在调研过程中，我惊讶于福建省城市水系的广和密。例如，省会城市福州河网密布，沟汊纵横，水巷蜿蜒，城区共有内河 139 条，分属白马河、晋安河、磨洋河、光明港、新店片、南台岛等六大水系，总长 295 千米，水域面积 10.08 平方千米，水面率为 4.44%，密集程度位居全国前列。漳州芗城区、龙文区建成区有内河 16 条，流域最长的内河九十九湾，以连通各地的重要通道而著称。

城市的快速发展给河道环境带来了一些弊端，影响人民的居住品质。为了改善内河水质，保护水资源，构建宜居城市环境，福州市曾于 2011 年启动 75 条内河综合整治工程，包括闽江以北城区 67 条、南台岛流入闽江的 8 条，同时启动 75 条内河的截污工程，但河道黑臭问题在当时没有得到根治。

2016年起，福建省各主要城市开启新一轮内河水系治理历程。与历次内河治理不同的是，这轮治理决心更大、理念更新、措施更强，通过实施PPP项目包等形式，使部分内河水质和生态环境得到一定程度改善。

但是，随着近几年城市经济的发展、城镇人口的增加和工业的迅猛扩张，即使经过治理，仍然有大量的工业废水和城市生活污水直排内河，生态环境隐患依然存在，内河黑臭水体反弹问题仍然十分常见，内河水质在持续性、持久性改善方面仍面临较大问题，群众对持续改善内河水质抱有很大的期望。有一次，我经过福州安泰河附近，出于职业习惯，我看到经过一段时间治理后水质有了明显改善的安泰河，河水又呈现浓浊白色，河中的锦鲤也不知游到哪里了。

“把脉”内河水体

2021年，我跟随民进福州市委会课题组，先后赴福州晋安河、西湖、光明港，莆田木兰溪，泉州晋江、洛阳江等地走访调研，发现这些地方内河不同程度存在治理的基础设施不够健全、截污纳管还不彻底、面源污染量大且不可控、河道水生态系统损坏、管理权责不明确等问题。例如，福州内河沿岸排污口众多，点源污染多，面源污染面广；厦门流域内工业占比较多，硬化面积较大；莆田河道自净能力较弱，城区排水体制不健全；泉州晋江和洛阳江流域跨行政区域多、水环境复杂、治理难度大；等等。调研中，我们也多次听到群众对持续改善内河水质的呼吁。

河道的治理之路漫长又艰难。通过2021年的这次调研，我发现导致河道黑臭的因素较多。

第一，雨污分流不完全，主要表现为“上分下不分”和“上不分下分”两种情况。第二，截流不彻底，河道截污后，最终污水又回流到河道内。第三，合流不完整。完整的合流制需要有合流制溢流污染控制措施，需要一定的截留倍数加调蓄设施。第四，污水管网不防渗。目前使用的管网由于各种原因，部分管道及检查井不防渗，造成河水、地下水、雨水大量入渗。第五，沿岸居民生活垃圾倾倒河道内，面源污染，初雨带入大量污染源。第六，河道不流动。各种原因造成河道断头或者变成暗涵，致使河道失去原有的水体自净能力。

给内河水系“开处方”

内河水系犹如城市的血管，与人们生活工作息息相关，许多地方却又不为肉眼所见。经过大约半年时间广泛深入的调研，针对河道黑臭、治理不彻底等问题，我认为可以从五个方面探索解决办法。

第一，污染源调查，分类排放口。排查河道的排放口及周边水体环境，对河道黑臭程度进行初步判断，找出污染原因。判断排放口的性质，根据不同类型的排放口进行分类处理。比如：排污口密集的河段，采用“强化截污+调蓄”方式，增设截污管，对沿河密集排污口进行收集，分段接入调蓄池，均衡水质水量；对于直排的分流制排污口，应结合地形情况和周边市政污水管道的管径、标高、纳污能力，考虑接入相应市政污水管道，当水量较大时在末端设置污水调蓄池，避开高峰期排入污水管道，污水接入市政管网系统后，对原有的岸边排放口进行封堵。

第二，溯源整改。结合第一步调查排放口，对于雨污合流排污口，应追溯至上游雨污混接点，并核实其改造的可能性，无法改造时，应在合流排污口设置截流井，同时选取适当的截流倍数，降低污水溢流频次。对于有条件进行分流的小区，应尽量考虑小区内部雨污分流改造，小区雨污水均接至市政管网，减少河岸排放口。

第三，完善城区雨污管线。修复老旧管线，新建雨污管线，使雨污管网系统完整，减少因错接、混接、漏接等问题导致污水流入河道。根据不完全统计，多数城市城区的雨污管网系统覆盖率较低，还存在因老旧、破损、施工问题等导致的管道无法利用的情况，因此完善雨污管网系统、修复现状管网、新建管网，是提高河道水质、减少黑臭问题反复的三大关键举措。

第四，清淤疏浚，清除垃圾。河道可见的生活垃圾、生物残体等漂浮物，需要定期清掏，同时加强对河道周边环境的严格把控。清淤疏浚，一般而言适用于所有黑臭水体，尤其是重度黑臭水体底泥污染物的清理，能快速降低黑臭水体的内源污染负荷，避免其他治理措施实施后，底泥污染物向水体释放。

第五，恢复河道蓝线。众多河道成为断头河或者改为暗涵形式，这在很大程度上已经将河道原有的生态环境破坏，使原本清澈的河道成为一条排污沟。面对这样的情况，需要加强河道整治力度，还河道原有的水系蓝线，将沿线违章搭盖的各类建筑拆除，将暗涵形式整改恢复为明渠河道，将水系河道联通，使内河成为一个整体的水系系统，恢复河道以及水系的联动性。

我把这些调研情况和建议内容写入提案《关于持续推动我省城市内河水质改善提升的建议》当中，希望通过持续推动内河综合整治，为福建省全方位推动高质量发展超越带来崭新的投资和生活环境。这份建议被民进福建省委会采用，并作为集体提案提交至福建省政协十二届五次会议。

配合部门推动建议落地

提交提案之时，正是城市（县城）污水处理提质增效专项行动（2022—2025年）的第一年。福建省各地围绕“设区市巩固城市建成区黑臭水体治理成效，县级城市建成区基本消除黑臭水体”的总体目标持续开展城市内河水质改善提升工作。提案立案后得到了各方的重视，被评为省政协年度好提案，省生态环境厅、住建厅、水利厅都对所提建议一一作出了明确答复。

省住建厅表示，要开展城市（县城）污水处理提质增效专项行动（2022—

2025 年），深入打好县级城市黑臭水体治理攻坚战。

省生态环境厅等省直部门联合颁行《福建省深入打好城市黑臭水体治理攻坚战实施方案》，进一步规范内河两岸污染源整治，将其纳入碧水保卫战重要工作内容。省生态环境厅表示，要以福州市内河污染源整治为样板，帮扶指导各地强化对入河排污口规范整治进展情况的监督管理，深化排污口设置和管理改革，建立健全长效监督管理机制，有效管控入河污染物排放，并纳入属地党政领导生态环境保护目标责任考核。

省水利厅表示，将建设“一河一网一平台”，进一步推动河湖长制从“有名有实”到“有能有效”，坚持问题导向，提升城市内河治理成效，着力保护修复强化城市内河生态管护，努力建设造福人民的幸福河湖。

美丽“答卷”入画来

随着内河水质改善提升工作持续开展，福建省交出了一张张令人瞩目的美丽“答卷”：福建省 179 条河流幸福指数平均值 83.8 分，比 2022 年高了 1.9 分；179 条河流中幸福指数大于 85 分的五星级河流有 62 条，占比 34.6%，比 2022 年的河流数量（31 条）多了 1 倍；主要流域优良水质比例达 99%，河湖长制工作连续 6 年获得国家正向激励；福州以内河步道及绿带串起风廊、水道、绿带相结合的立体绿色生态空间，2023 年作为中国唯一上榜城市，荣获首届全球可持续发展城市称号；三明金溪（将乐段）、厦门筼筜湖入选全国美丽河湖；漳州九十九湾、三明池湖溪先后入选全国幸福河湖建设试点……

如今，在各方合力之下，波光粼粼、绿荫成道、鱼翔浅底的美丽画卷成为百姓日常生活的点缀，也成为人民幸福生活的缩影。

内河水质改善提升一直在路上。2024 年福建省政府工作报告提出，要全力守护碧水，统筹水资源、水环境、水生态治理，深化闽江、九龙江流域

◎未治理前河道

◎水系治理后效果图

◎水系治理后效果图

综合治理等。我们要继续做好习近平同志在福建工作期间推动内河治理与发展的工作，为生态福建、清新福建、美丽福建建言献策，为保持内河“河畅、水清、岸绿、景美”继续作出贡献。

作者系福州城建设计研究院有限公司给排水设计师、民进福州市委会经科总支部副主任委员

我在桃溪当“河长”

徐文锦　苏依婕

自古以来，人择水而居，城临水而建，水与城总是紧密地联系在一起。

永春，古称“桃源”，县域内最大河流——桃溪发源于戴云山脉南麓，由西北向东南贯穿永春大地，最终注入泉州山美水库，源源不断滋养着沿岸百姓。今年61岁的永春县水利局原高级工程师陈俊超，常在傍晚时分，迎着微风漫步于桃溪畔，与来往的人们聊聊桃溪的故事。往昔，因工业化、城镇化发展，桃溪流域一度受到破坏和污染，城为水带来了“烦恼”。而今，

◎清水一湾舞白鹤。位于桃溪东平段弯道的白鹤广场成了当地居民休闲散步的好去处（张文庆　摄）

桃溪沿岸已“变身”当地居民的游憩走廊，出门见绿，移步见景，水为城注入了“灵魂”。这一变化，要从桃溪流域的综合治理和那群“河长”说起。

让河道“自然呼吸”

桃溪蜿蜒，在东平镇花石社区划出一个“S”形弯。流水潺潺，水鸟在拦河坝上列队觅食。这里，正是陈俊超最初参与桃溪治理的地方。自小在桃溪畔长大，1983年大学毕业后进入县水利局工作，陈俊超与桃溪结下了深厚缘分。20世纪末，由于桃溪沿岸污水管网建设、垃圾收集处理措施难以适应当地城镇化发展步伐，垃圾漂浮、河滩杂乱，短短1千米的河道沿岸竟有80多个畜禽养殖点，桃溪水污染日益严重。

“居民常把垃圾倒在岸边，甚至为图方便直接扔在桥下。久而久之，桥边便淤积起一个个垃圾堆。”回忆起那时的桃溪，陈俊超心痛不已。作为泉州饮用水水源地山美水库的上游，桃溪不仅与永春人民的生产生活息息相关，更关系到泉州城区600多万人的用水安全。“再不治理，桃溪真的没救了。”治理桃溪，成为当地百姓的迫切愿望。2011年，党中央将加快水利改革发展写入当年的“一号文件”。以此为契机，永春县将桃溪流域综合治理列为县“一号工程”，成立领导组和项目建设指挥部，并明确了“水清、堤固、园靓、路畅、岸绿、房美”的治理目标。彼时，因无“综合治理”经验可循，擅长建大坝、造堤岸的永春水利人也犯了难。于是，永春县向外“借智”，多方考察后，与有过太湖综合治理经验的华东勘测设计研究院“牵手”。

“以前我们认为河道治理就是为了防洪排涝，但对方的规划从单纯的水安全上升到水生态、水景观层面，综合考虑截污治理、水土流失、生态修复、景观游憩等功能，让我们大开眼界，不得不推翻原有设计方案。”设计院的思路，颠覆了时任县水利局设计室主任陈俊超的想法。2012年，临近

◎桃溪流域整治前后对比

春节，陈俊超和同事直奔杭州与设计院对接，争分夺秒敲定施工图纸。2月底，桃溪流域综合治理东平示范段工程火速上马，3千米多的河道需在保留原貌基础上新建和加固堤防、清淤、铺设雨污收集管网，还要统筹建设自行车道、人行步道，以及多个滨水绿地公园。大家铆足了劲，战雨天，抢工期。仅仅2个月，桃溪东平示范段治理成果初显，河道彻底变了模样。

2012年7月，福建省流域治理暨重点水利工程建设工作会在永春召开，向全省推广永春桃溪流域综合治理经验。

站在花石桥上，远眺东平段河道，一眼便能看到桃溪的过去与现在。河道一侧是垂直混凝土挡墙，“20年一遇设计洪水位”几个红色大字在墙上清晰可见。然而，混凝土挡墙虽经得住河水冲刷，但阻隔了河水与土壤的交互，让水体自净能力和生物多样性大打折扣。因此，河道另一侧被改造成草木葳蕤的生态护坡。砌石护坡加上绿化连成一个整体，可以抗水流冲刷，溪水涨起来也能与土壤交互，水生动植物能在此找到生存空间，河道真正实现了“自然呼吸”。以河道为脉，生态步道沿岸铺开，余光中文学馆、水生态文明馆、白鹤广场等滨水主题场所沿溪畔分布，共同构成融观光、休闲、文化、科普于一体的特色景观带。

共护一湾碧水

一处示范，全线铺开，桃溪干流和支流河段治理步履不停。综合治理，顾名思义，并非一家之事。彼时永春县统筹水利、林业、农业、住建、环保、交通等部门力量，将防洪治涝、堤岸加固与水污染防治、水土保持、美丽乡村建设相结合，推动377个治理项目落地，一条条“生态动脉”被激活，河网“毛细血管”被疏通。

长约62千米的桃溪华丽转身，呈现出祖籍永春的诗人余光中笔下“清水一湾舞白鹤，风光两岸映桃源”的水美画卷。桃溪生态修复工程项目因此获得“中国人居环境范例奖”，永春也入选全省首批综合治水试验县。

三分建，七分管。为了守护治理成果，永春开始同步探索长效管护机制。从筼筜湖治理到木兰溪治理，福建较早开始探索综合治水新路，在全国率先实施以县域为单元的综合治水试验，为我国河湖管理提供了福建智慧。2016年，“河长制”在全国全面推行，逐渐形成省、市、县、乡、村五级干部担纲“河长”的河湖治理体系。福建也成为全国最早在全省全面推行河长制的省份之一。在桃溪综合治理基础上，永春有团队、有机制、有平台，使桃溪流域管护很快迈入新阶段。

为了一湾碧水能长久清澈下去，永春下足功夫，让更多群众一起守护桃溪，在全国首创“永春县河长制电视云平台”，将河流监控、河长信息、水质情况等信息接入电视，让群众打开电视就能实时参与监管；在全省首创“河长制110”指挥中心，开通24小时河湖问题举报专线，实现快速反应、精准派单、实时跟踪、及时反馈。越来越多群众加入“河长”队伍，老人河长、企业河长、乡愁河长等“民间河长”力量越发壮大，常态化开展巡河、清洁、放生等活动，让桃溪实现长治。每逢假期，桃溪畔还会出现一群“小河长”，孩子们通过“水”主题研学课程等活动亲水懂水，更在心中埋下爱水护水的种子。

走进绿色生活

起于治水，而不止于治水。

早在数百年前，水与城已深刻交织。桃溪曾是连接泉州乃至闽西北内地山区与晋江出海口物资交流的黄金水道。位于桃溪上游的五里古街是山海商贸交汇融合之地，拥有海上丝绸之路内地首站码头——许港码头。永春老醋、德化瓷器及周边地区的山货经肩挑手扛运至许港，搭乘舟船顺流而下，行至泉州港，换乘大船转运海内外。一批批永春人也由此走向海外，成就了

“无永不开市”的佳话。一湾桃溪水、一条五里街，是众多永春游子的乡愁所寄。时光流转，承载深厚文化底蕴的桃溪，也为如今永春人的生活赋予更多诗意。

眼下，行走在五里古街，穿行于木质骑楼间，可见一砖一瓦皆透露着海丝韵味。在街口品尝一次永春小吃咯摊，茶馆里浅酌一杯佛手清茶，到“醋老弥香”园区了解酿醋工艺……这不仅是当地人的生活日常，也成为游客的“心头好”。自2018年起，永春县启动五里古街修复改造，并引入华侨城集团负责运营，在活化古街的同时实现“看得见生活”“留得住乡愁”。2024年初，五里古街重新开街迎客，一度沉寂无声的“闽南商贸重镇”焕发新生。以古街为轴，对周边闲置的化肥厂、水轮机厂等进行改造提升，一个集特色乡村产业、侨乡文化、海丝文化等于一体的欢乐小镇展现在世人面前。

夜幕降临，栈道上人来人往，桃溪两岸灯光璀璨，整个县城被映衬得流光溢彩；每逢假期，乡镇里的亲水休闲乐园和水生态研学馆人气火爆；平日里，白鹤拳、纸织画编织、永春香制作技艺等非遗项目走进社区，融入居民日常……正如桃溪城区段闪烁的霓虹标语“有一种生活叫永春”，以桃溪为轴，一幅生态宜居的生活画卷正徐徐铺展。

2024年，永春以“一县一溪一特色”田园风光建设项目为龙头，串联起桃溪两岸的农业、水利、文化以及乡村景观，发挥千年古渡口、老醋产业、乡愁文化、国家级水利风景区等优势，策划“十里桃源”长廊项目，打造滨水产业带、桃溪漫步带等，开启“以水兴城”的新篇章。

水，还是桃溪水，但它流淌着勃勃生机，一路欢歌，奔向远方，续写人、水、城的新故事。

作者系《福建日报》记者

一渠“长潭”何以“甘洌”

——长潭河的美丽蝶变

魏国桢

蜿蜒于福建宁化、长汀、清流三县的长潭河，在两岸青松茂林的掩映下，以一渠碧波微澜的春意，潺潺流入位于三明市清流县长校镇的竹青背水电站。

眼前这“水晏河清、山秀林美”之景，让人实难想象三年前它也曾垃圾成灾、苦治艰难。我作为三明市政协“委员河长”，亲历了这渠“长潭”的美丽蝶变。

长潭河，位于闽江上游，一路流经宁化、长汀、清流等地，注入九龙溪，再经沙溪汇入闽江。其在清流境内长 42 千米，流域面积 237 平方千米，两岸居住 1.66 万人，古时亦曾是当地内外货运的“黄金水道”。

2020 年 7 月 29 日，我一直记得这个光荣的日子，彼时我被选聘为三明市政协“委员河长”，正式挂钩负责长潭河的巡河履职工作。

第一次巡河，正逢一场暴雨刚过，那时的长潭河之景让我着实吃了一惊。整个河面漂浮着许多垃圾，随着浑浊的洪水滔滔而下，汇聚到下游的竹青背水电站坝头，长潭河面一时成了“垃圾展览厅”，水电站成了“垃圾转运站”。而待洪水退却后，水电站坝头一带的河岸“彩旗飘荡”，五颜六色的塑料袋和各种污浊的废弃物，堵塞了河道，挂满了树枝、堤岸，倘若不是电站

◎长潭河下游的竹青背水电站整治前后

水坝拦着，垃圾定将继续漂流，污染下游河段。

作为“委员河长”，我立即拍照记录，上传至“巡河”APP平台。清流县政协、河长办、生态环境局，以及长校、里田等沿河乡镇高度重视，迅速召开县、乡、村、部门多元联动的专项会议，研究制定系列针对性治理措施。

其中，针对暴雨造成的河道污染，清流县长校镇、里田乡更是第一时间组织专业的河道专管员清理河道垃圾，连续作战，终于恢复了河道整洁。但是，“苦治”并没有从根本上解决问题，“水晏河清”的治理目标并没有真正实现，待下一次雨季来临时，河面将再次垃圾成灾。

哪里来的这么多垃圾？为什么反复清理、反复产生？我与一些政协委员积极分析，寻找治本之策。

后经实地调查和走访，我们发现，原来垃圾主要来源于沿河两岸，附近村民时常将生活垃圾，以及一些农膜、农药瓶等农业废弃物丢弃至河岸边，大雨一来，这些废弃垃圾及岸边的枯枝烂叶便被一同冲入河道，顺流而下，不断汇聚增多。

这正是河道垃圾反复清理、反复产生的重要原因之一。我们在调研中还发现，长潭河垃圾的来源其实很复杂，不仅有本县里田乡、长校镇产生的垃圾，还有上游宁化、长汀两县沿河乡村产生的垃圾。因而，如果上游垃圾未根本整治，下游垃圾永远清理不尽。

“要想河水美，河岸要先清。”在我们的呼吁下，相关部门与属地乡镇就长潭河治理达成一致共识。其间，令人欣喜的是，长潭河清流县段属地的长校镇、里田乡政府集中人员，下大力气，深入村户开展宣传，引导村民改变生产生活习惯，同时增设垃圾桶，配备村级保洁员，聘请专业垃圾打捞队。一次次入户、一次次劝导、一项项措施，目标只有一个，就是解决垃圾入河问题，真正实现“河畅、水清、岸绿、景美”。

在治理河道垃圾中，长校镇创新垃圾“分段拦网”清理法，大大提高了垃圾清理效率，不仅降低了垃圾清理成本，还有效避开了深水区河道作业的安全风险问题。

如何解决农业废弃物这一特殊垃圾入河问题，亦成为相关部门治理的重点。2022 年 2 月，我受清流县农业农村局的邀请，参与商讨农业废弃物处置办法。我们深入走访相关乡镇和农户，广泛征求意见，最后确定采取设立农药瓶回收点、实行补贴价等政策，促进农业废弃物回收。目前，全县共布设 49 个回收点，明确回收补贴价，农药塑料瓶 2 元 / 千克，农药玻璃瓶 0.8 元 / 千克，农药锡箔纸袋 4 元 / 千克。该制度施行以来，共回收农业废弃物 19.2 吨，补贴 26.75 万元。农业废弃物入河问题得到了基本解决。

辖区河段治理是基础，上下游联动治理是关键。因此，长潭河河畅水

◎长潭河

清，我这个河长能发挥作用，与政协组织的独特作用分不开。近年来，清流县政协发挥“民主监督”的优势，以委员河长工作为着眼点，牵头开展长潭河上下游“跨县联合整治”，建立“两地四县”（三明市清流县、宁化县，龙岩市长汀县、连城县）联动会商机制，四县委员河长定期联动巡河，定期会商交流，针对发现的问题，共商解决对策，组织统一行动，让沿河老百姓深切感受到长潭河带来的崭新变化。

“河湖治理，必须久久为功。”此前，我发现长潭河部分河段出现“蓝藻”等现象，于是多次向清流县政府反馈。县里立即做出保持水流动，增殖放流白鲢、黄尾密鲴等措施。同时，为从源头解决沿河养殖污染“老大难”，县畜牧水产中心与县生态环境部门联合推进养殖粪污资源化规范化利用，督促养殖场（户）推行粪污干湿分离、粪肥密闭发酵、沼液种植消纳等模式，将养殖污水“变废为宝”，实现“种养双赢”。

斜风细雨，湿润山林。行走于长潭河沿岸生态走廊，眼前的河道清澈见底，两岸山高林密，丝丝清新之气沁人心脾，恍若人行画中，细细描绘出闽江上游的“清流之笔”。

作者系三明市政协“委员河长”、清流县政协委员、清流县畜牧兽医水产中心副主任

王惠兵、张华、伍宸整理

【山青】

我经历的新一轮长汀水土流失治理

马祥庆

2024 年 8 月，我坐动车到长汀出差，一出长汀南站，到处都是到长汀旅游的人，车站周边山头满是翠绿，公路两边行道树高大挺拔、苍翠欲滴。眼前的一切，很难想象长汀在 20 多年前还是我国南方红壤区水土流失最为严重的县份之一。曾经的长汀，约 1/3 的土地是红色荒漠，山光、水浊、田瘦、人穷。长汀人民通过与水土流失的漫长较量，经数十年的不懈努力，实现了从“火焰山”到“绿满山”，从“重灾区”到“先行区”，从“贫困县”到“十佳县”的蝶变，真正达到了“生态美”与“百姓富”的治理目标。

我作为福建农林大学长期从事水土保持领域研究的科技人员，有幸参与了长汀新一轮水土流失治理的全过程，成为这片红土地上“绿色革命”的参与者和见证者。

做好水土流失治理顶层设计

2012 年 2 月，福建农林大学积极响应省委省政府的号召，成立了助推长汀新一轮水土流失治理专家服务团。我与服务团的同志们一道，积极投入科技助推长汀新一轮水土流失治理工作中。

刚开始，长汀对新一轮水土流失治理路径有些困惑，多是从水土流失本身的角度来思考解决方案，但福建农林大学校长兰思仁当时却很有前瞻性地

◎ 2001 年 10 月，长汀河田镇露湖石壁下治理前的山林（长汀县水土保持中心　供图）

◎ 2022 年 6 月，长汀河田镇露湖石壁下治理后的山林（长汀县水土保持中心　供图）

提出，长汀水土流失是社会、经济、环境各方面因素综合引起的，要解决长汀的水土流失一定要走社会、经济、环境综合治理之路。为此，他在《福建日报》发表了《努力成为全国水土流失治理的“长汀样本”——做好长汀新一轮水土流失治理工作的思考》《在不断创新中提升治理水平——做好长汀新一轮水土流失治理工作的思考》等系列文章，这为长汀新一轮水土流失治理路径确定打开了思路。

基于此，福建农林大学与长汀县政府签订了推进长汀新一轮水土流失综合治理合作协议，为长汀编制了17项与水土流失治理相关的规划及方案。我当时主要负责长汀新一轮水土流失治理规划和实施方案的编制。为此，我带领林学院老师赴长汀调研数十趟，收集整理资料数据，掌握水土流失现状，开展外业调查，对接全国及省级水土流失综合治理项目。2012年，我累计前往长汀近20次，当时长汀的交通条件较差，从福州坐班车到长汀要大半天的时间。经过多次论证、修改、完善和提升，我们终于在2012年5月顺利完成了《福建省长汀县水土流失治理综合规划（2012—2016）》《长汀县2012年度水土流失综合治理项目实施方案》《长汀县罗地河小流域水土流失综合治理项目实施方案》等规划方案的编制。后来，我们又相继参与修编了长汀县水土保持“十二五”和“十三五”规划，提出了针对性强和操作性好的治理方案，并建议将水土保持工作纳入长汀国民经济和社会发展规划中。“规划”增强了长汀水土流失治理的科学性、精准性和可操作性，为实现长汀新一轮水土流失治理目标提供了顶层设计，得到论证专家和行业部门的高度认同。

这次到长汀出差，看到长汀动车站到县城两边郁郁葱葱、整齐划一的绿化行道树，充分展现了我们学校当时的规划设计理念，我倍感自豪。

协助总结“长汀经验”

2012年，福建农林大学成立“福建农林大学专家服务团驻长汀办事处”，选派3名水土保持科技专家到长汀挂职，其中林学院的张国防教授兼任长汀县政府副县长、丁国昌副教授兼任长汀县林业局副局长。2012年5月16日至17日，水利部在长汀召开了总结推广长汀水土流失治理经验座谈会，国家发展改革委、财政部、水利部、环境保护部、交通运输部、农业部、国家林业局、国务院扶贫办等部委与各有关省区水利厅负责人，以及水利部有关司局、流域机构、在京直属单位负责人出席。长汀县委县政府高度重视，邀请福建农林大学组织团队全程协助长汀准备会议材料、凝练总结“长汀经验”、优化考察线路等工作。2012年7月21日，国家林业局又在长汀县召开全国林业厅局长会议，提出要学习“长汀经验”，弘扬“长汀精神”，为改善生态和改善民生作出新的更大贡献。

为更好借鉴台湾水土流失治理经验，2012年11月，福建农林大学牵头，与南方水土保持研究会和台湾水土保持技术协会一起在长汀举办了海峡

◎马祥庆（右一）向参加海峡两岸红壤区水土保持学术研讨会的代表介绍长汀水土流失治理情况

两岸红壤区水土保持学术研讨会。海峡两岸120多名水土流失治理专家相聚长汀，共同探讨两岸红壤区水土流失治理，探索水土流失治理新技术、新模式，并出版《生态文明建设背景下的水土流失治理模式创新》一书，取得了很好效果。随后又陆续举办了3届海峡两岸红壤区水土保持学术研讨会，促进了两岸水土保持技术的交流，有效助推了长汀水土流失治理。

在这些工作基础上，福建农林大学协助长汀总结出了以“党委领导、政府主导、群众主体、社会参与、多策并举、以人为本、持之以恒”为核心内涵的水土流失治理“长汀经验”。

科技助推水土流失治理

在2012年一系列推广长汀经验会议后，长汀积极向国家各部委及省级各部门争取项目支持，从改善长汀经济、社会及环境路径入手，开展新一轮水土流失治理。福建农林大学则主要是从科技支撑角度助推长汀水土流失治理。长汀水土流失治理过程中，先后摸索出了“等高草灌带”、“老头松”施肥改造、陡坡地“小穴播草”、“草木沼果循环种养”等技术，取得了很好成效。但由于这些传统水土流失治理以政府投入为主，注重的是治理生态效果，对林农收益考虑较少，研发既有生态效果又能获得经济收益的生态经济型治理技术成为新一轮水土流失治理的关键。

为此，2013年，我们学校与省林科院合作争取了国家林业公益性行业科研专项，获得616万元研究经费资助，主要把长汀治理退化生态系统的需求与增加农民经济收入的需求结合，开展兼顾生态效益和经济效益的强度侵蚀区退化生态系统修复模式研究，筛选适合红壤区不同类型产业开发应用的生态经济型治理关键技术，有效解决红壤区退化生态系统修复与经济效益之间的矛盾，实现“治一方水土、富一方百姓”的目标。“长汀红壤侵蚀区生态经济型植被恢复技术研究”成果也因此获得了2015年福建省科技进步奖一等奖。

长汀作为南方红壤区水土流失治理的典范，拥有从亚热带地区常绿阔叶林→低效针叶林→裸地逆向退化演替，以及从退化裸地→草灌→针叶林→针阔混交林方向正向恢复演替的完整阶段，但长期以来缺乏对这些不同恢复阶段的定位观测研究，对新一轮水土流失治理的科技支撑不足。为开展红壤侵蚀区不同恢复阶段的长期定位观测研究，2013年，我们向国家林业局争取在长汀建设“福建长汀红壤丘陵生态系统国家定位观测研究站”。2014年，长汀定位观测站通过国家林业局组织的现场考察及专家论证，获得国家林业局建站经费503万元。福建农林大学是该站的技术依托单位，长汀汀江源国家级自然保护区为建设单位，我是该站的首任站长。2021年12月，福建长汀红壤丘陵生态系统国家定位观测研究站建成，600平方米的观测大楼在长汀河田正式挂牌启用，开展不同治理措施的水土保持效果和治理效益的长期定位监测，为新一轮长汀水土流失治理提供科技支撑。2022年，定位站在全国定位观测站评估中获良好成绩。

为提升长汀新一轮水土流失治理的科技含量，2014年，福建农林大学承担了国家科技支撑计划项目“福建红壤区生态修复和持续经营关键技术集成与示范”，获1710万元资助经费。针对长汀强度侵蚀区的初步治理区形成了以马尾松为主的群落，植被种类单一、群落结构简单、生物多样性低，火灾隐患大、林下侵蚀严重、生态功能等级低，治理成果极容易反复的现实，我们团队主要开展强度侵蚀初步治理区林分结构改造和生态功能提升研究，通过对不同植被配置模式、间伐强度、套种植物种类及密度、施肥等改造研究，筛选了适用于不同初步治理区的植被优化配置模式及改造技术，实现红壤强度侵蚀初步治理区林分的结构改造和生态功能的优化提升，并把水土保持与当地农村经济发展相结合，实现生态林业和民生林业的有机结合，在南方红壤侵蚀区得到大面积推广。

搭建平台，助推侵蚀治理

为进一步利用全国的力量助推长汀新一轮水土流失治理工作，福建农林大学搭建了红壤区水土流失治理科技平台，联合全国水土流失治理优势单位开展长汀水土流失治理。

2012 年 2 月 29 日，福建农林大学联合福建师范大学、福州大学、福建省农业科学院、福建省林业科学院、福建省水土保持试验站、长汀县水土保持事业局等单位，成立南方水土保持研究院，由中国工程院院士尹伟伦担任院长；随后组建“海峡两岸红壤区水土保持协同创新中心”，并入选福建省第二批省级“2011 协同创新中心”。2018 年又获批南方红壤区水土保持国家林业和草原局重点实验室。

2019 年，福建农林大学联合中国科学院南京土壤研究所、南昌工程学院、台湾水土保持技术协会、南京林业大学、福建师范大学等单位组建红壤区水土保持国家创新联盟，以南方红壤区水土流失治理的重大需求为导向，解决限制红壤区经济发展的技术瓶颈，服务红壤区区域经济发展。

这一系列国家及省级水土保持科技平台，把产业界、学术界和研究机构联系起来，针对南方红壤区社会经济发展对水土流失治理技术的迫切需求，承担国家科技支撑项目，加速了科技成果转化，对打造长汀水土流失治理升级版，推进长汀水土流失精准治理和深层治理提供了重要科技支撑，在助推长汀新一轮水土流失治理过程中发挥了重要作用。

建言献策，提升“长汀经验”

我自 2013 年成为省政协委员以来，一直关注福建省与水土流失治理相关的环境领域，为助推长汀水土流失治理积极建言献策，多次参加省政协到长汀的调研活动。其间，我先后提交了《关于加快福建智慧林业建设的建议》《关于大力推进福建森林康养产业发展的建议》《关于加强部门协作共同管控松材线虫的建议》《关于进一步优化我省森林林分结构的建议》等提案，许多建议被采纳，完善了福建省水土流失治理、造林绿化和树种结构调整的顶层设计，为福建省特别是长汀生态治理、脱贫致富和乡村振兴作出了贡献，取得较好的参政议政效果。我参加了“省级扶贫开发工作重点县人才支持计划科技人员专项计划”，根据长汀县水土保持事业局的需求，发挥专业优势，进行长汀不同治理措施水土流失监测，评价不同治理模式的效益，为长汀水土流失治理创新提供科技咨询。2014 年 8 月 17 日，我接受了中国日报网采访，提出“长汀经验：环境问题是经济社会综合治理的命题”的观点。

站在新的历史起点，回首过去，长汀水土流失治理成为中国南方水土流失治理的示范样板和重要典范。2021 年，水土流失治理的“长汀经验”入选联合国生态修复典型案例，向全球推广，“长汀经验”走向世界。长汀从“荒山秃岭”到“绿水青山”再到“金山银山”的生态环境治理历程，是习近平生态文明思想在长汀的生动实践，展现了生态保护和水土流失治理的中国方案和中国智慧。

作者系福建农林大学林学院原院长、福建省政协常委、九三学社福建省委会常委

平潭“真宝贝”海蚀地貌的保护之路

——我见证了“护石人”的担当

余小燕

我与魏宝相识多年，但真正频繁接触是在2016年。这年8月，《国务院关于平潭国际旅游岛建设方案的批复》发布，至此，平潭国际旅游岛建设步入正轨。同月，魏宝牵头组织一批公益志愿者成立民间公益组织性质的平潭奇岩怪石保护协会（以下简称“协会”）。看似一个普通的民间协会成立，却与平潭国际旅游岛生态文明建设和海蚀地貌旅游资源的保护产生了密切的关联。作为该协会首批聘请的顾问，8年来，我见证了他们一路走来的辛苦付出。作为一名政协委员，我也与平潭综合实验区政协工委的其他同仁一道，为平潭奇岩怪石的保护工作贡献微薄力量。

海蚀地貌甲天下，奇岩怪石挑大梁

独特的海蚀地貌是平潭优良的生态环境和旅游环境的关键组成部分。20世纪以来，平潭就以“海蚀地貌甲天下，海滨沙滩冠九州”闻名于世。早在20世纪90年代初期，中国科学院地理研究所杨逸畴、宋力夫、尹泽生等地质地貌科学家到平潭指导旅游资源普查时，就盛赞平潭自然风光得天独厚，并评价平潭是一处世界上罕见的海蚀地貌博物馆。专家们和当时参与考察的时任国家旅游局资源开发司司长袁宗堂都认为平潭拥有丰富的奇岩怪石资

◎平潭三十六脚湖

◎海坛天神横卧在海滩边，是塘屿的奇景之一

源，并拥有又好又多的沙滩，因此发展旅游业的前景广阔。

奇岩怪石正是平潭“海蚀地貌甲天下”的核心资源，而基于它们在平潭的广泛分布和鬼斧神工、惟妙惟肖的绝妙造型，平潭如今又衍生出“世界象形岩石之乡”“世界奇岩之城”的美名。

20 世纪 90 年代旅游资源普查后，平潭开发的石牌洋、东海仙境、南寨山、将军山、海坛天神等主要景区，无不以奇岩怪石为主体旅游资源。这也正是 2016 年平潭能够成为我国第二个国际旅游岛的关键因素之一。

基于奇岩怪石、沙滩等基础旅游资源的优越禀赋，平潭海坛风景名胜区于 1994 年获批国家级风景名胜区，随后于 2001 年和 2006 年被建设部分别列入世界自然遗产预备名录和首批中国国家自然遗产预备名录。2018 年，平潭地质公园获批国家地质公园资格。

走遍平潭群岛普查，“定位”奇岩怪石分布

2012 年，央广网曾刊登一篇来源于《环球人文地理》杂志的介绍平潭旅游的文章，指出：“平潭岛上的岩石千奇百怪，即使走遍世界也很难在别处看到。”而早在 1182 年的南宋时期，石牌洋就已记载于福州《三山志》，明代旅行家陈第更赞叹它是“天下奇观”。

平潭奇岩怪石的奇异性可谓千百年来备受世人瞩目。但遗憾的是，20 世纪平潭全域采石过程中，对普通岩石和奇岩怪石的无差别对待，对平潭生态环境和奇岩怪石造成了严重破坏，甚至被中国科学院科学家认定为世界之最的石牌洋和海坛天神也遭遇采石，所幸被制止。而且由于长期缺乏管理维护，任由草木滋长，现存的平潭奇岩怪石大量遭遇景观或者通行路径的埋没。这一切，促发了平潭奇岩怪石保护协会的成立。也正是为了解决历史遗留下来的问题，协会确定了对平潭奇岩怪石的普查、宣传和保护三大核心任务。特别是普查，为第一要务，以摸清家底，为长续宣传、保护奠定坚实

基础。

然而，平潭全域现有大小岛屿125座、岩礁超过700座，其中有居民岛9个（不含吉钓、马腿）。要走遍这些岛屿进行全岛普查，任务并不轻松。魏宝个人曾在2015年至2018年对平潭全部岛屿的奇岩怪石分布状况进行实地初查，并于2021年出版《走遍平潭群岛——平潭奇岩怪石寻踪》。2023年，协会组织了对平潭奇岩怪石的第一轮民间公益普查，登记了373处点位的数据信息。2024年5月，协会出版了《天工杰作：平潭奇岩怪石图鉴（上）》，除了以照片展示岩石自身的奇美特性外，文字内容上也下了大功夫，包括为这些宝贵的自然奇观赋予名字，对其形貌特征进行品鉴，讲述岩石背后的人文故事等，目的是通过图鉴的宣传，加强奇岩怪石的保护，并使之成为平潭旅游的另一个"亮点"。

"为什么图鉴后面带了个'（上）'啊？""因为我们已调查得知平潭象形岩上千处，不以象形论的奇特岩更多，比历史上的相关调查和文献记载的一两百处多得多，但我们在图鉴中收录的奇岩怪石只有500处，而且其中有普查数据的只有300个，所以后续还会继续普查，并出版后续的图鉴。"在新书分享会上，魏宝如是说。

普查过程中，魏宝以身作则，和志愿调查员们一起，不畏寒冬酷暑，上山下海。无人机、测高杆、激光测距仪、望远镜激光测距仪等工程专业设备轮番上阵，但更多的还是依靠调查员的双手双脚爬上岩顶，包括险峻的石峰，以保证测高顶点和底点定位的准确，并通过谨慎客观地测量和大量抽点复核，做到测量高度数据误差基本小于1%。为了避免奇岩怪石所在位置的失传，此次普查中提取了每一处奇岩怪石点位的现场经纬度，再反复核对卫星地图，甚至多次往返，直到确定精确的经纬度数据，使人们能够根据卫星地图准确地找到它。普查队伍中有许多女队员，也有不少人有恐高症，但大家克服种种艰难险阻，最终完成了协会的第一轮公益普查任务。

本次公益普查前，在协会、平潭政协和其他各界力量的推动下，主管部门委托福建省地质调查研究院（以下简称“省地调院”）于2019年至2020年开展了平潭奇岩怪石专项调查，其调查报告于2021年3月通过专家评审，一共统计了240处比较典型的奇岩怪石，评定为世界级和国家级的达47处。省地调院地质环境调查所的高级工程师魏勇和钟艳春等人参加了上述平潭奇岩怪石专项调查，并得到魏宝和协会其他同仁的支持。在魏勇等地质工程师眼中，平潭岛上的奇岩怪石就是一个宝藏，是难得的旅游资源与地质考察资源。

上述专项调查的240处点位中，有111处纳入协会第一轮民间公益普查，而不在专项调查范围内的，协会已发现点位，包括已普查和已收录入图鉴的，达到400多处。协会的数据将为主管部门对平潭奇岩怪石资源的掌握提供有力补充，乃至于有助于相关部门建立和完善大数据信息系统、“平潭奇岩怪石”APP或平潭国家级地质公园奇岩怪石VR系统等。

政协委员调研提案，推动海蚀地貌保护

翻开平潭政协的第十届、第十一届提案报告，其中关于奇岩怪石保护的提案时间跨度自2017年到2023年已长达7年，委员们从不同的角度针对全岛海蚀地貌特别是奇岩怪石的保护提出了建议。提案是政协委员和政协各参加单位参政议政的重要方式，关于平潭奇岩怪石保护的这些立案提案内容有现状、有分析、有建议，主题突出，条理清晰，措施具体，具有可操作性。

特别是2017年的《关于新时代保护和开发好平潭奇岩怪石特色资源的调研报告》，由民盟福建省委直属平潭支部调研小组组稿，主笔人正是魏宝。该报告从平潭奇岩怪石的历史总结、基本现状、保护和适度开发等三大方面，对平潭奇岩怪石做了全面阐述分析。

此后，委员们在此领域持续发声推动，提案渐丰，包括：2018年，委员高小勇的《关于建设“山海田园”和“木石传奇”旅游景观的建议》和委员

丁由平的《关于以奇岩怪石为连接点　优化我区旅游资源空间布局的建议》；2020年，委员林荣的《关于建设平潭奇石公园的建议》；2021年，委员蔡文琴的《关于推进仙人井景区景村共同发展的建议》；2023年，委员陈人和的《关于进一步加强塘屿岛奇岩怪石保护的建议》和委员陈杰的《关于做好我区地貌旅游资源开发与保护的建议》，以及笔者和委员王茂清的《关于加强南寨山景区旅游保护开发的建议》等。提案的目的都是保护平潭宝贵的石头旅游资源，推动政府和社会对平潭奇岩怪石的重要性认识及宣传、投入进一步加强。提案内容还涉及平潭奇岩怪石的立法保护、平潭申报世界自然遗产等内容。

除了相关提案之外，平潭政协还参与了具体的奇岩怪石保护行动，并催生了平潭综合实验区对奇岩怪石保护政策的出台。2017年4月11日，平潭金井镇湖南村鹅头湾自然村的世界象形岩石珍宝鹅头岩因附近管廊施工爆破作业而面临被震毁的风险。协会收到村民求助后，通过微信公众号公开发文呼吁保护。此岩形如巨鹅头部，原貌高达8米多，曾长年埋没于树林之中。2016年，魏宝与平潭融媒体中心记者一起促进当地村庄恢复通行路径，才让此岩为世人所见。

协会发布的呼吁文章在24小时内阅读量破万、转发量近千次，引起有关部门的高度重视。平潭政协也组织部分委员与协会成员一同到达现场，与施工单位沟通协调。最终，主管部门调整方案，采用二氧化碳静态爆破施工技术。6天后，《平潭综合实验区项目建设总指挥部办公室关于加强“奇岩怪石”保护工作的通知》发出。在协会、政协和其他各界的共同推动下，2017年10月10日，《平潭综合实验区管委会关于进一步加强奇岩怪石保护工作的通知》发出，成为全区范围内奇岩怪石保护的政策依据。

不仅是参与鹅头岩的具体保护及催生保护政策，也不仅是不断向有关部门提出各类有利于平潭奇岩怪石资源保护、开发的提案，平潭政协委员还热心、积极地直接参加协会的公益活动，包括参与首批100处平潭奇岩怪石的认保巡查，参与协会的第一轮民间公益普查，等。

推动申报世界自然遗产，带动保护平潭奇岩怪石

经过协会、政协和其他各界的共同努力，当前，人们对平潭奇岩怪石“真宝贝”的珍惜、爱护意识已显著提高，但还未形成真正稳定的大气候，破坏、埋没、荒废、失传等不利现状还难以根本扭转。因此，保护平潭奇岩怪石的工作需要常抓不懈、驰而不息，推进形成长效机制。

保护是善待，其目的是善用，不仅是特定群体的欣赏，还可以提升至适度开发以供普通游客欣赏，乃至于向最高规格层次的目标前进，即利用平潭优越的奇岩怪石、沙滩等海岛自然资源禀赋，申报世界自然遗产、世界地质公园。

正是平潭广泛分布的优质奇岩怪石等地质地貌符合世界自然遗产的“独特、稀有或绝妙的自然现象、地貌或具有罕见自然美的地带”等标准，平潭海坛国家级风景名胜区早在2001年即已被列入世界自然遗产预备名录，顺势开展正式的申报工作本是应有之义。2016年12月的《福建省人民政府关于贯彻落实平潭国际旅游岛建设方案的实施意见》也明确“支持平潭创建国家地质公园、世界地质公园，申报世界自然遗产和世界文化遗产”。2017年的《平潭综合实验区管委会关于进一步加强奇岩怪石保护工作的通知》也写明平潭“正在积极申报世界自然遗产和国家地质公园”。

目前，平潭建设国家地质公园的工作正在开展，但相关部门从未正式开展申报世界自然遗产的工作，使平潭在世界自然遗产预备名录里一躺20多年，令人感觉十分可惜。如何学习省内泰宁、宁德、龙岩等地成功申报世界自然遗产、世界地质公园的经验，成为当前平潭国际旅游岛发展的一项重要议题。

无论是海坛国家级风景名胜区还是在建的平潭国家地质公园，均分布有大量的奇岩怪石，显然，申报世界自然遗产、世界地质公园，无疑将大大有

◎半洋石帆

利于平潭奇岩怪石的保护。因此，多年来，协会也一直坚持不懈地致力于推动平潭的申报，包括向实验区相关领导建言，与主管部门交流，与平潭政协委员协作提案，以及公开呼吁。2023 年 6 月 28 日，平潭综合实验区旅游与文化体育局、自然资源与生态环境局、综合执法与应急管理局联合印发《关于进一步加强奇岩怪石旅游资源保护工作的通知》，明确了要做好区地质博物馆、国家地质公园、世界地质公园、世界自然遗产等项目申报、建设等工作。文件对此项工作任务的明确，正是对协会长期呼吁的一个明确回应，也有待协会、政协和其他各界的共同促进落实。

护石卫宝，一直在路上

协会自 2016 年成立以来，就一直致力于推动开展全岛普查的公益事业，从而使更多有识之士参与其中，不仅有魏宝，还有魏为燚、林美英、杨国、魏秀琴、黄珍珍、陈财、余小燕、郑也、薛艺等一大批海坛儿女，他们是平潭奇岩怪石“真宝贝”的“代言人”和“守护者”。

除了前述的工作成果外，协会在各界人士的支持下，还完成了关于平潭奇岩怪石宣传、保护的其他大量工作。比如，2017 年，协会发起保住天山东路沿线奇岩怪石、庄上神山等多处在建工程中面临被破坏的奇岩怪石资源；2019 年，协会发起恢复了被埋没的平潭历史名景名石“骆驼峰”；2021 年，协会推出首批纳入认保的平潭奇岩怪石 100 处，实施公益认保巡查机制，恢复了一大批被埋没的典型奇岩怪石。此外，协会编印公益宣传画册、《平潭奇岩怪石手绘地图》等用于公益赠阅，为平潭城关小学编写了校本读本《海坛地貌胜迹》，为平潭三中提供校本教材《世界级石景奇观——平潭奇岩怪石概览》的初稿（后由该校组织教师修改后印制投入使用），为平潭一中、

◎骆驼峰

三中等中小学开展专题讲座，到30余所中小学开展平潭奇岩怪石影像校园公益巡展，等等。普查、宣传、保护平潭奇岩怪石，一直在路上。

协会成立后，平潭越来越多的原本长期荒废的山石资源被开发利用。比如，政府方面，将遍布奇岩怪石的猴研三岛打造为68海里景区，打造沿岸岬角奇岩怪石丰富的坛南湾南部生态廊道，开发君山步道、凤凰湾步道等。多地村庄也在美丽乡村建设和乡村振兴发展过程中，将原有山景石景荒废的区域打造为健步观光览胜的公园，包括苏平镇和平村神鼠山公园、金井镇大福村片瓦仙踪游步道、大厝基村杨武楼自然村山体公园步道、青观顶村山体公园步道、向阳村笔架山和村部后山步道等等，为其他村庄提供了借鉴。

放眼未来，平潭国际旅游岛的生态文明与旅游业的融合发展，保护和利用平潭优美的海蚀地貌特别是奇岩怪石宝贵资源，还要主管部门、政协和协会在内的各界共同支持和努力。路虽远，行则将至；事虽难，做则必成。

作者系中国作家协会会员、平潭时报专副刊部主任、政协第十一届平潭县委员会委员

完善生态补偿机制　守护八闽绿水青山

九三学社福建省委会

中共十八大以来，九三学社福建省委会围绕流域生态补偿机制，持续多年深入开展调研，为生态文明建设作出了积极贡献。

力耕不欺，看似寻常最奇崛

中共十八大报告提出，要“建立反映市场供求和资源稀缺程度、体现生态价值和代际补偿的资源有偿使用制度和生态补偿制度”。时任九三学社福建省委会专职副主委李子林敏锐地把握住这一契机，举全省九三学社之力，以省市联合调研的形式，于 2013 年开展“完善流域生态补偿机制”课题调研。九三学社福建省委会调研处牵头组建课题组，在已建立生态补偿机制的闽江、九龙江、敖江流域广泛开展调研。课题组在调研中发现，位于流域上游的三明、南平的基层干部和农村百姓对现行生态补偿机制“颇多微词”：“生态林越多，我们收入越少”，“最好国家把生态林都买走，不然村里的工作都不好开展”……事实确实如此，例如三明市 2012 年流域整治总投资 3.7 亿元，补偿资金仅为 3412 万元，生态环境保护的积极性被严重挫伤。基层的呼声令课题组专家们深思——政策一定要“接地气”，补偿资金远低于保护成本，基层很难操作，政策很难持续。

带着基层的呼声，在广泛调研“问诊把脉”的基础上，课题组完成了

《关于推动流域上下游生态补偿机制建立与完善的对策研究》调研报告。恰逢九三学社中央2013年7月15日在宁夏银川举办以“生态文明建设”为主题的“九三论坛”，李子林在论坛上作专题发言，介绍福建省在流域上下游生态补偿方面的探索实践经验，认为在推进过程中存在政策、技术等方面的困难，并从行政、法制、机制上对推动流域生态补偿长效机制的建立与完善提出建议。会后，出席会议的九三学社中央副主席赖明找到李子林，勉励课题组继续深入研究生态补偿课题，将重心放在重点流域，聚焦资金筹措和分配，做出“精品”。

弦歌不辍，成如容易却艰辛

受此鼓舞，2013年下半年，李子林率课题组奔赴福州、南平、三明、泉州、厦门、漳州等市县开展调查研究，详细了解生态环境整治和生态补偿资金分配情况，并与各地环保部门进行座谈，取得了大量第一手资料。于是，课题组继续为福建省的生态补偿机制“辨证献方”，于2013年10月完成《关于完善我省重点流域生态补偿机制的对策建议》调研报告，提出建立福建省重点流域生态补偿办法，以及制定多元的补偿方式、寻求可行的筹资渠道和制定科学的考核方式等对策建议。11月，该调研报告被中共福建省委政策研究室采用，编入《研究动态》第200期，呈省委省政府主要领导参阅。年底，九三学社福建省委会将调研报告转化为党派集体提案，提交福建省政协十一届二次会议，被省政协确定为2014年重点提案，由省政府领导和省政协副主席张燮飞共同督办。

至此，该提案似乎为九三学社福建省委会助力生态省建设画上了一个圆满的句号。丰收的喜悦洋溢在九三学社福建省委会机关办公楼里。

致知力行，开窗千里放云来

2014 年 5 月，福建省发展改革委走访九三学社福建省委会，就提案办理进行协商沟通。会谈中，省发展改革委提出，生态补偿资金需要考虑的因素太多，计算困难，希望九三学社福建省委会“更上一层”，再立新功，让生态补偿机制更“气机通畅”。时任九三学社福建省委会调研处处长官宝斌认为，重点流域上游设区市对补偿资金的分配意见很大，需要尽量将所有影响因素都考虑在内，利用公式计算补偿资金，真正做到公平公正。在充分沟通协商的基础上，省发展改革委会同省财政厅、环保厅于 2014 年 7 月起草了《福建省重点流域生态补偿办法（草案）》，省政府分管副省长多次召开专题会议，数易其稿。2015 年 1 月，省政府正式出台《福建省重点流域生态补偿办法》（以下简称《办法》），全面建立覆盖全省、统一规范的全流域生态保护补偿机制，加大流域生态保护补偿金筹措力度。同时，建立奖惩分明、规范运作的补偿资金分配机制，有效促进流域上下游关系的协调和全流域水环境质量改善。鉴于此提案取得的显著成绩，省政协将其评为 2013—2014 年度优秀提案。

2014 年，福建被国务院确定为全国第一个生态文明先行示范区。省政协决定将推动生态补偿办法贯彻落实作为 2015 年省政协监督调研课题，由九三学社福建省委会承接。九三学社课题组在调研中发现，规范了重点流域的生态补偿形式和内容、资金的分配方式、使用程序和扶持重点后，福建在协调各方利益关系、维护社会公平、改善水环境方面效果显著。但由于跨区域的水质监测水平难以达到生态补偿的数据核算要求，各方对监测结果存在争议，且国家没有专门的生态保护补偿立法，对生态补偿机制实施影响很大。

在多番研讨后，课题组认为，生态保护补偿立法、提高水质监测水平和

◎ 2016 年 10 月，九三学社中央副主席赖明率课题组在福建开展“创新流域生态补偿机制”课题调研

◎ 2016 年 10 月，九三学社中央副主席赖明率课题组在福建开展“创新流域生态补偿机制”课题调研，听取南平市有关部门情况汇报

完善技术标准体系需要国家层面的支持，且我国的跨省大江大河流域面积广，治理难度大，建立完善的生态补偿机制具有全国性意义。九三学社福建省委会决定向九三学社中央申报“创新流域生态补偿机制”课题，得到九三学社中央副主席赖明的支持，成功被列入2016年九三学社央地合作课题。2016年10月，九三学社中央副主席赖明率江苏、山东、上海、浙江等省市社员专家赴闽开展调研，国家海洋局、环保部有关领导受邀参加调研。课题组辗转福州、南平、泉州、厦门的7个考察点，与地方政府及有关部门进行座谈交流。11月，《关于创新流域生态补偿机制的建议》经九三学社福建省委会主委会议审查，正式完稿，以九三学社中央名义提案提交全国政协十二届五次会议，被国家发展改革委主管刊物《改革内参》采用。

“行路致远，我们始终在路上！”九三学社福建省委会将继续在“绿水青山就是金山银山”上奋发有为，持续为福建省“机制活、产业优、百姓富、生态美”建设的“时代新篇”贡献力量。

执笔人：杨文斌

我与林改的不解之缘

张田华

我是从最基层的林业站干起，一步步走到市林业局局长这个岗位的。

30余年的林业工作经历，与山林为伴，与林农为友，让我对林业有了更深的理解与感悟，不仅深刻体会到林业的责任与艰辛，而且还深切感受到千万林农因林改日子越过越红火的喜悦。提到林改，那要从20世纪80年代初说起。

1981年3月，中共中央、国务院发布《关于保护森林发展林业若干问题的决定》，其中确定的稳定山权林权、划定自留山、确定林业生产责任制的林业发展方针，我们称之为“林业三定”，这在确定集体林权外，划给农民一定集体山林数量的自留山，主要解决农民生活烧柴和建房用材问题。在“林业三定”的基础上，1993—1994年，龙岩地区及各县也陆续开展了“完善林业生产责任制”工作，在一定程度上促进了林业的发展。

这两项旨在明确集体山林林业生产责任的政策，并未能真正调动起林农经营林业的积极性。林农对集体林不想管、不敢管，而村集体又管不住、无法管，主要是因为集体林产权不明晰、经营主体不落实等经营体制机制和利益分配上的一些深层次矛盾和问题并没有得到根本解决，严重挫伤了林农耕山造林的积极性。

探索林改——摸着石头过河

改革没有可借鉴的经验。

那时年轻的我刚到龙岩地区林委，亲历了乱砍滥伐难制止、林火扑救难动员、造林育林难投入、林业产业难发展、守着青山难收益等“五难”困境，我陷入深思。无论在基层林业站工作，还是调到当时龙岩地区林委工作；无论是在深山密林中穿行，还是在林农家中交谈，我始终挥之不去的思绪、绕不开的话题就是林业应该如何发展？在一次次走访林农、请教业内专家、深入调研林业实际情况的基础上，我牵头起草了林改第一份文件。1999年1月，龙岩市委、市政府出台《关于深化林业经济体制改革的决定》，开展了以“明晰林木产权主体，理顺林业投入与分配体制”为主要内容的林业经济体制改革，并确定武平、漳平作为改革试点县。

2001年，龙岩市政府转发《市林委关于深化集体林地林木产权改革指导意见的通知》，全市各县（市、区）选择一个乡镇开展试点，明确提出林木产权明晰到户或联合体，拉开了龙岩林改的序幕。在此期间，我多次指导武平开展林改试点，总结试点做法。同年12月30日，武平县万安镇捷文村村民李桂林领到了全国第一本新版林权证。

2002年6月，时任福建省省长习近平同志在武平调研时作出“集体林权制度改革要像家庭联产承包责任制那样从山下转向山上”“林改的方向是对的，关键是要脚踏实地向前推进，让老百姓真正受益”等重要指示，为集体林权制度改革一锤定音，指明了方向。2003年4月，省政府出台《关于推进集体林权制度改革的意见》；同年5月，省政府召开全省林改动员会，全面部署推进林改工作。至此，起源于武平、发端于龙岩的林改在全省全面推开。到2005年底，龙岩市基本完成了林权发证改革任务。

2006年，我们又陆续启动了生态林管护机制、林木采伐管理制度、林业投融资体制、林业合作经济组织建设、森林资源流转等配套改革，目的在于进一步释放林业的发展空间。2008 年 1 月，龙岩市委、市政府出台了《关于深化集体林权制度改革的实施意见》，对深化集体林权制度配套改革作出全面部署，巩固和扩大林改成果。2008 年 6 月，中共中央、国务院出台《关于全面推进集体林权制度改革的意见》，武平林改中坚持的“依法依规、分类指导、尊重民意、利益兼顾”基本原则、“县（市、区）直接领导、乡镇组织实施、村组具体操作、部门搞好服务”的工作机制和落实“四权”（明晰产权、放活经营权、落实处置权、保障收益权）的林改主要内容写入了中央文件。武平成为全国林改策源地，为中国农民耕山探了路。

巩固林改——点“绿”成金

改革永远没有止步。

2015 年，我担任龙岩市林业局党组书记、局长，更加坚定了我着力深化林改、推动林业高质量发展的决心。

上任伊始，围绕林农最关心的“山要怎么分、树要怎么砍、单家独户怎么办、钱从哪里来”等问题，我经过深入调研和思考，认为要在完善集体林业产权制度、加快推进“三权分置”运行机制、创新林业金融服务、建立森林可持续经营制度等方面做文章，通过大力培育新型林业经营主体，大力发展林下经济、花卉苗木、木竹、油茶等绿色富民产业，真正让山林绿起来、林权活起来、百姓富起来。

2017 年初，时任《人民日报》福建站记者赵鹏找到了我，说想做一期关于林改的专题内参。我敏锐地感觉到，这次的报道方向好、分量重，绿水青山就是金山银山，林改的好政策就应该在全国层面全面推广开来，让更多的林农受益。我陪着赵鹏到了武平、长汀等地采访。采访中，我们看到通过林改，山定权、树定根、民定心，林业资源配置效率提高了，林农更有信心，

◎发展林下紫灵芝产业

迈得开步子，增加了收益，农村面貌也发生了巨大变化，这为他撰写报告提供了具体又丰富的素材。

深化林改——树立旗帜

改革从来不是一蹴而就。

林改也逐步进入深水区，遇到了新情况新问题。马尾松作为当地水土保持的先锋树种，以及龙岩各地集中单一树种造林，带来了森林生态不稳定与松材线虫疫区扩散的隐患等问题。鉴于此，我又开始了新一轮的深入调研。解铃还须系铃人，我还是从基层访问做起，问林农需求；与林业科研院所、专家探讨，问破解之策；和科室技术员一道下乡，找症结难点；与金融机构交流，寻资金支持……就这样，深化林改过程中出现的树种结构单一、林分质量提升难，林业经营分散、规模经营难，林业经营投资大、林农贷款难，生态保护范围广、林农增收难等四大新难题逐渐浮出水面。

有了目标，干劲就更足了。

近几年，我们通过政策积极引导广大林农、各林场开展乡土阔叶树混交造林，精准提升森林质量。2023 年 3 月 8 日，我接到省里通知将通过竞争性评审申报国土绿化项目，这个项目对实施低效林改造、马尾松林林分结构优化、森林固碳能力提升示范等具有重要意义，但在 3 月 12 日必须上交实施方案。“我们符合条件，再难也要争取！”时间紧、任务重，我一边联系委托专业规划设计院，一边迅速抽调业务科室及各县（市、区）专业技术人员共同参与方案编制。就这样，我们抽调了近 20 人的团队每天奋战到凌晨三四点。在大家全力配合下，龙岩申报项目一路过关斩将，在夺得省级竞争性评审第一后，又按专家意见作进一步修改，并作为福建省唯一推荐对象上报财政部、国家林草局。就在参加“国考”答辩的前一晚，我们还请专家作最后指导，演练至次日凌晨两点多，天明后即“赴考”。功夫不负有心人，

◎森林质量精准提升

福建省龙岩市原中央苏区国土绿化试点示范项目入选，获中央财政补助资金1.5亿元。这是龙岩林业史上争取国家补助资金量最大的单个项目。

从亲身参与武平集体林权制度改革到持续推进龙岩林业综合改革，这一路走来，总体来说我都是在解决问题中探索总结，闯新路、创品牌。针对龙岩市林业科研力量弱、科研成果少的问题，我也在勇于探索、先行先试。2021年初，当得知加拿大皇家科学院院士、福建师范大学教授陈镜明的碳汇试验林和双塔移动通量观测平台两个科技项目找地难时，我敏锐意识到此类项目将助力“双碳”目标实现，当即主动对接，利用清明假期邀请陈镜明教授前往白砂国有林场进行项目选址考察。在选址确定后，我又帮助协调项目报批、租地等事宜。“科研的事专家做，其他事我来做！”就这样，上杭白砂国有林场通过加快改革步伐，如今已成功搭建5个世界顶级科研平台，吸引10所科研院校（所）和25名院士、教授入驻，被国家林草局确定为履行《联合国森林文书》示范单位。直到现在，我还经常跟同事们说：“我们要有为才有位。要树立‘北有塞罕坝，南有白砂场’的雄心和魄力。”

在武平调研时，林农普遍反映林木资源“变现难”、林木采伐“办证难”等。我经过多次深入调研，找准问题症结，于2021年开始小步试水，试点先行，推动出台《龙岩市全国林业改革发展综合试点实施方案》，在全省率先将集体人工商品林中的主要树种杉木、马尾松的主伐年龄由原来的26年、31年分别下调至16年、21年；允许各县（市、区）选择1～2个乡镇对零星分布的3公顷以下的人工商品林由林权所有者自主确定采伐年龄；对林农申请采伐人工商品林蓄积量不超过30立方米的，实行告知承诺制审批。2023年4月，我在充分调研和试点总结的基础上，向省林业局争取在龙岩市开展林木采伐改革试点，获省林业局批复同意后，推动出台《龙岩市拓展提升林改“武平经验”进一步深化林业综合改革发展的实施意见》，在全国率先开展实施“探索取消人工商品林主伐年龄限制”等四项林木采伐改革措施。这一改革让林农可以在符合政策的规定下，行情好的时候及时采伐林

◎万亩人工林

木，给林农带来了更多的收益。2023 年 9 月，中办、国办出台的《深化集体林权制度改革方案》吸纳龙岩“取消集体人工商品林主伐年龄限制”等四项改革措施；龙岩林改相关经验做法被中央党校列入教学课程案例。目前，这一改革举措和经验做法在全国得到推广。

在我看来，林改的目的第一个是方便群众，第二个是为林农增收，第三个是让沉睡的森林活起来。我们通过创新实施林木采伐管理、林业碳汇、林业金融服务、林业经营、国有林场改革发展、司法护航生态等六大机制，有效破解了林业发展难题，进一步拓展提升了林改“武平经验”。龙岩林改之路越走越宽。从在全国率先提出开展电力走廊生物防火林带建设；到在全省率先实施松林改造、推动森林质量精准提升；再到率先创新森林碳汇赔偿机制，经验做法被写入十四届全国人大一次会议最高人民法院工作报告，入选 2023 年全省机关体制机制创新“百优案例”，龙岩林改经验一次次在全国全省得到推广。此外，龙岩市林业金融区块链融资服务平台先后获评全国林业改革发展十大优秀案例、2023年福建省金融十大创新项目二类项目。首创的“林业碳汇指数保险”入选中国改革2022年度地方全面深化改革典型案例，并荣获国务院国资委评选的2022年度中国碳达峰碳中和典型案例一等奖。如今的龙岩成为全国最绿、空气质量最好的设区市之一，并被国家林草局列为全国林业改革发展综合试点市、全国林业碳汇试点市。

增绿就是增优势，植树就是植未来。集体林权制度改革走过千山万水，但仍需跋山涉水。站在更高起点上推动新时代龙岩林改再出发，需要我们推出更多“新、实、深”的创新举措。希望通过努力，真正让绿水青山源源不断转化为金山银山，让莽莽大山成为林农的“幸福靠山”。

作者系龙岩市林业局党组书记、局长、二级巡视员

山海交响，民盟人的生态情怀

民盟福建省委会

福建生态文明建设是福建民盟人高度关注的一项工作。从改革开放后推动武夷山自然保护区成立，到21世纪初连续四年提交“生态省”提案，民盟人在福建绿色篇章中留下了浓墨重彩的参政议政足迹。中共十八大以来，民盟福建省委会一以贯之，一脉相承，聚焦福建生态环保领域的重点难点，结合民盟的组织优势和智力优势，以责任担当为笔，为福建生态画卷增辉添绿，书写新时代民盟人不倦的生态情怀。

步履不停，与海浪同行

闽在海之中，海为闽人田。对于福建人而言，海洋是家园、是乡愁，也是机遇、是未来。虽坐拥得天独厚的海洋资源，但如果缺乏有效的保护和利用，海洋蕴藏的生态价值和经济潜力也就无法释放。在这一问题上，民盟人提交了一份出色的答卷。

漫步在位于罗源湾南岸的北山红树林海岸公园，望白鹭悠然漫步，听孩童欢声笑语，清风拂面，好不自在。然而，过去这千亩海滩，外来物种互花米草肆意滋长，湿地都板结了，和现在是天壤之别。

从过去的荒草丛生、满目疮痍，到如今的水草葱茏、候鸟翩跹，罗源湾的转变起源于一场“拯救滩涂”行动。从2016年起，民盟福建省委会支持

◎如今的罗源湾北山红树林海岸公园

盟员陈剑锋调研团队，聚焦福建省入海口滩涂的生态环境问题，走遍沙埕港、三沙湾、罗源湾、闽江口等九大入海口，开展了一系列考察调研。

2017年，正值酷暑，陈剑锋调研团队来到了罗源湾。当时的罗源湾部分区域还被成片的互花米草侵占。当地有关负责同志带领队员们进入滩涂，齐力拨开淤泥，扒出一株互花米草。他们向队员们介绍："你们看，这互花米草的根能扎到一米多深，而且这埋在地下的根系密密麻麻，繁殖能力非常强。"

罗源湾为了清除互花米草也下了一番苦功。"目前我们是采用滩涂米草除控剂喷洒的方式，但是互花米草面积较大，还具有扩散风险。"罗源县林业局负责人在座谈中介绍了罗源湾的互花米草治理情况。调研团队认为，当地现行的控制措施相对单一，化学防治是否会对环境造成二次伤害尚不清楚，还是要针对不同区域制定组合防治措施。

罗源湾的情况并非个例。调研发现，福建省九大入海口均面临不同程度的互花米草入侵。与此同时，在部分入海口，早年不合理的围垦和工程建设带来的负面影响依然存在，近岸污染物聚集也导致水体富营养化……入海口生态环境面临着多重威胁，可谓是“四面楚歌”，入海口滩涂生态修复工作刻不容缓。

基于调研收集的数据和信息，调研团队最终在2020年形成详尽的调研报告。2021年，该份报告被提炼形成提案《关于推进我省九大入海口滩涂生态环境修复工作的建议》，受到省领导高度重视，省林业局也于2021年5月对提案进行了详细答复。这场“拯救滩涂”行动成为各地滩涂生态修复工作的推进器，在海岸线上开花结果，让入海口滩涂纷纷实现了“华丽蜕变”。

潮起潮落，但民盟人追寻海浪的脚步从未停止。2020年提交调研报告《福建省沿海防护竹林营建存在的问题与建议》；2021年提交提案《关于研发海洋负排放技术　助力国家碳中和战略的建议》……近年来，民盟福建省委会着眼海洋生态环境的各个研究角度，展开了一系列调研考察，并通过省政协提案、大会发言、社情民意信息等多种途径不断建言献策，为守护福建海洋生态环境贡献出了坚实的民盟力量。

真知灼见，方能点绿成金

福建森林覆盖率连续45年保持全国首位，被称为全国最“绿”省份。而如何将森林的价值充分挖掘出来，真正实现点绿成金，是福建实现“生态美、百姓富”目标的关键问题。

为了找到打开森林这座“聚宝盆”的金钥匙，2021年，民盟盟员齐清琳教授带领由民盟福建省委会、福建省林业局干部及多位专家学者组成的调研团队开展专题调研。在三明将乐，首批林业碳票刚刚签发，村子里的生态公益林经评估换算成碳减排量，为林农们带来实打实的收入。在南平顺昌，顺昌“森林生态银行”模式在不改变林地所有权的前提下，收储碎片化的林业资源，切切实实给林农带来了“生态红利”。调研团队一路用足迹和笔墨记录着福建在森林保护和绿色产业上的创新成果，对福建省林业生态和经济建设持续发展的情况进行了深度总结，并以这些实践样板为基础，探索完善林业生态产品价值实现机制。经过反复论证和研究，调研团队完成调研报告《探索林业生态建设与经济建设持续发展　实现生态美百姓富》。2023 年，民盟福建省委会再次聚焦森林生态产品价值实现路径，结合乡村绿色产业振兴工作，撰写调研报告《探索森林生态产品价值实现机制　助力乡村绿色产业振兴》。这两份报告，都提供了有针对性、专业性的建议，成为推动福建林业生态发展的重要参考。

有数量，更要有质量。过去，林业发展更看重经济效益，虽然森林覆盖率高，但树种结构不合理，多为单树种针叶林，生态效益差，特别是防火、防病虫害能力弱，部分地区还存在竹林不断侵蚀林地的现象。民盟福建省委会注意到了福建省林分结构存在的问题，在 2021 年与省政协人资环委、九三学社福建省委会联名提交了《关于优化森林林分结构，提升我省生态质量的建议》提案。提案以真实数据为支撑，指出福建省在树种结构、森林质量、空间分布等方面的突出问题，并提出了完善林分结构顶层设计、分区分

◎省政协《关于优化森林林分结构，提升我省生态质量的建议》重点提案办理“三结合”座谈会

类调整林分结构、完善采伐管理、控制资源消耗、强化组织领导等建议。提案一经提交便获得高度重视。同年4月，省政协召开该项提案的办理协调座谈会，民盟福建省委会等提案单位与省林业局、农业农村厅等承办单位进行了深度交流。会议强调，要在现有良好的基础上找短板、找不足，做好森林资源培育和保护，实现森林质量再提升。同年11月，省政协召开该项提案的“三结合”座谈会，强调要持续优化林分结构，做好提案办理的后半篇文章，进一步体现出对该项提案的重视和关注。在各方的推动下，近年来，福建省森林质量不断精准提升，树种结构显著优化，造林树种增至50多个，真正实现了“量质齐升”。

生态经济，要“两条腿”走路

在高质量发展的道路上，生态保护不是选答题，而是必答题。在有效利用生态资源获得经济利益的同时，也要关注到经济活动对生态环境的潜在消极影响，打好污染防治攻坚战，才能走出一条经济发展和生态文明水平提高相得益彰的路子。

近年来，福建省稳粮惠农政策力度持续加大，在农业生产和生态环境保护领域交出了亮眼的答卷。然而，农业生产领域带来的农业面源污染问题逐步凸显，已成为影响福建省生态环境质量提档升级的重要因素，亟待处理好农业生产稳步增长和生态环境质量持续提升的关系。2023年，在民盟福建省委会的全力支持下，民盟龙岩市委会组织盟内环保、农业、住建、水利等领域的多位盟员专家开展“构建农业生产和生态环境保护协同发展长效机制”专题调研，力图找到制约农业生产和生态环境均衡发展的症结所在。

龙岩市的生猪养殖场内，污水处理设备和除臭设备在稳定运转着。养殖场主告诉调研组，当前农户们对污染防治都很重视，也按照规定完善了污染处理环节，但在实践中却矛盾频出。当地养殖场主表示：“农业部门执行的畜禽养殖标准和生态环境部门执行的水质量标准不一致，很难同时满足。”在稻田混养泥鳅鲫鱼、稻田混养虎纹蛙等农业生产基地，农户纷纷向调研组反映，这些“水田养蛙”“稻田养鱼”等项目确实能大大增加水田亩产效益，但生态环境部门认为会造成流域总氮、总磷超标等环境污染问题，农业部门又没有提供相应的环保治理技术。农户们说：“我们也想保护环境，但是缺乏技术指导，我们也束手无策啊！”

在开展座谈时，农业和生态部门的相关负责人员与调研组进行了深入交流，两个行业之间的分歧也暴露了出来。两部门关注点不同，沟通协调的渠道有限，在监管、治理等方面缺乏联合发力，这就导致农户们在实际生产中无所适从，既影响了农户们的生产效益，也影响了农村污染防治工作的整体效能。因此，要破解当地农业生产和生态保护之间的矛盾，关键还是要加强

◎调研组深入龙岩连城某养殖场调研畜禽粪污资源化综合利用情况

农业部门和生态环境部门的协作，为农户们划定一条合理的生态红线，并提供可靠的技术保障和专业的指导服务。

在此次调研后，调研组形成了《构建农业生产和生态环境保护协同发展长效机制的调研报告》，不仅强调了农业部门和生态环境部门应形成互补力量，综合考虑农业生产任务和生态修复治理目标，同时也提出了科学制定农业发展规划、培育农业绿色市场化等具体可行的建议，为实施农村环境治理、推动农业高质量发展提供了参考方案。

如今的福建，一片片山林葱郁叠翠，一条条江河追青逐绿。在这幅立体的山水画卷上，有民盟人挥斥方遒的笔墨。前行的路上，福建民盟仍将秉承“奔走国是，关注民生”的优良传统，持续擦亮福建高质量发展的绿色底色，为建设生态强省助力赋能。

执笔人：陈心茗

干坑红茶复兴记

——民革福建省委会助力光泽县茶产业发展、乡村振兴纪实

民革福建省委会

光泽县司前乡干坑林场地处武夷山国家级自然保护区腹地。青山环绕，绿水绵长，得天独厚的自然条件孕育出了干坑悠久的红茶种植历史和制作工艺。千百年来，这里盛产野生红茶，茶树生长在海拔 600 ～ 1300 米的高山上，是核心原产地的优质正山小种茶。目前，这里还保留着传统烟熏制作工艺。

2020 年，民革福建省委会会同台湾“见学馆”团队来到光泽，走进了干坑，用文化为干坑红茶赋魂，打造独属于光泽的红茶品牌。民革组织牵头推动，地方党委、政府支持，“同心杯”两岸青年乡村振兴研修营深度参与，助力光泽县经济绿色高质量发展。

“发现”干坑，一片叶子寄深情

民革福建省委会与干坑的故事，要从 2020 年的几次探访讲起。

“省民革第一次来到干坑，我们以为只是过来看一看。”干坑林场场长何金全说。当时，干坑的茶农都是小作坊模式，面临着资金、理念、制作标准上的诸多问题。第二次来，民革福建省委会走进了茶山深处，还带来了相关的专家，提出了专业的建议。

“第三次再来，我们感觉到，省民革是真的想要帮助我们，我们也愿意跟着他们干。”何金全说。

就是这一次，他们带来了台湾“见学馆”团队的技术理念，同时开始争取项目、资金。民革福建省委会助力光泽茶产业发展的工作就此拉开序幕。

在来到光泽之前，民革福建省委会已经在宁德市霞浦县八堡村、福州市永泰县等地举办“同心杯”两岸青年乡村振兴研修营，而本次在光泽举办，福建省政协农业农村委也参与其中。自中共十九大第一次提出全面实施乡村振兴战略以来，为响应国台办“31 条惠台措施”和落实福建省“惠台 66 条实施意见”，民革福建省委会发挥对台渊源优势，推出了“同心杯”两岸青年乡村振兴研修营的品牌，紧扣“乡村振兴”和“探索两岸融合发展新路”两大重点任务，与台湾“见学馆”团队深度合作，把台湾乡村活化、文旅融合的先进做法引入福建。

以市场需求为导向，结合各地产业情况，因地制宜，量身定制乡村产业活化方案，引导乡村产业走市场化发展道路，这是民革福建省委会和台湾

◎ 2022 年 9 月 27 日，“同心杯”两岸青年乡村振兴研修营——两岸红茶文化节现场，《茶主题——城市会客厅》标准制定工作启动

“见学馆”团队共同的目标。

“干坑的环境和台湾日月潭很相似，日月潭的茶叶为什么能够产生一定的影响力？就在于品牌的打造。”台湾“见学馆”创办人许俊雄说，引入台湾农业生产精品化、小众化、订单式理念，可以提升品牌价值。

台湾“见学馆”团队接手干坑红茶后所做的第一件事，就是设计红茶品牌，把文化历史挖掘出来。他们对干坑保存下来的古法烟熏红茶技艺开展文史调查，从茶旅文化入手，制作了文史手册，讲述干坑红茶的前世今生。由此，“GAN KENG 1662”作为干坑红茶的公共品牌诞生了。

创立品牌之后，如何为干坑红茶品牌打下基础？在民革福建省委会看来，建立完善的标准和规范化生产体系是当务之急。于是，经由民革福建省委会牵线搭桥，福建省茶叶协会专家来到光泽，于2022年5月启动了《光泽红茶　干坑正山小种》等5项团体标准的制定工作，并于同年9月发布系列标准。从光泽红茶生产、加工、销售，到冲泡、品鉴，一系列标准的完善填补了空白。

“要记住，干坑不是‘生态茶园’，而是‘原生态茶园’。”民革福建省委会秘书长敖钧这几年一直往来于福州和光泽之间，干坑的茶农们都记得她说过的话。“这里是人烟稀少、未经开发的一片沃土。要把茶文化、茶产业、茶科技统筹保护和开发，把各方面的积极性调动出来，做大做强‘GAN KENG 1662’红茶品牌，打造红茶产业两岸融合发展新样板。”

“我们的品牌蕴含了深厚的文化渊源，我们的茶从商标设计、包装到茶叶的制作，都有了全面的提升。现在，干坑的每一位茶农都能对红茶历史侃侃而谈，乡里每一位相关部门的基层干部都对红茶产业规划有了清晰的认识。”正如司前乡党委书记陈晟所说，一片叶子寄予着民革福建省委会和“见学馆”团队对光泽的深情，也寄予着光泽人民对干坑红茶走出光泽、走向世界的厚望。

共同推进，干坑路径成为现实

“我们的干坑烟熏红茶做的奶茶可以命名为‘人间烟火’，这个‘烟’就是‘烟熏红茶’的‘烟’，别人选几分糖，我们就选几分‘烟’。”坐在位于光泽县城中心位置的“GAN KENG 1662 城市会客厅”，喝一杯干坑红茶煮出来的奶茶，吃一块印有品牌字样的红茶风味蛋糕和巧克力，听光泽县政协副主席赵红玉对干坑红茶衍生产品如数家珍的介绍，我们感受到光泽县对于推广干坑红茶品牌的用心，也感受到城市会客厅带来的舒适、惬意。

印有“GAN KENG 1662”图案的 T 恤和帆布包、造型别致的茶具、包装精美的茶产品……城市会客厅是“见学馆”团队规划设计的一张光泽新名片，建成于 2022 年，占地 800 平方米，分为展示区、会客区、茶歇区。在

◎经研修营团队改造后的光泽县城市会客厅

城市会客厅之外，光泽县政府还专门开设了光泽红茶展厅，详细地展示光泽红茶的历史渊源和风土地貌，通过多种形式，建立品牌展示的窗口。

如果你通过这些窗口，被“GAN KENG 1662”的品牌故事吸引，被城市会客厅幽雅舒适的风格吸引，想要进一步了解干坑红茶，就要走进大山深处的干坑，探访秘境茶旅。

在原有的茶种植、加工基础上，推动旅游、餐馆、民宿等第三产业发展，是民革福建省委会和“见学馆”团队为干坑设计的发展路径。

武夷山脉北麓被称为华东屋脊，这里有华东第一高峰黄岗山、第二高峰香炉峰。这片崇山峻岭中的武夷山自然保护区为世人所知，这也是光泽县一条古老的茶马古道。沿途保护完好的原始动植物、独特的自然生态景观，令人神往。这里被设计成为秘境茶旅，吸引游客前来山野茶道探秘。

“寻茶、品茗、健走、野营、骑行。”“见学馆”团队为干坑规划设计的

◎ 2022 年 9 月，“同心杯”两岸青年乡村振兴研修营暨两岸红茶文化节 在光泽召开

秘境茶旅线路，将茶文化融入全域旅游之中。在探索千年茶马古道的旅途中，游客参观茶园、采茶、制茶、学习茶道，了解茶历史，体验茶风俗。

受新冠疫情影响，两岸交流也曾陷入停滞，但是“同心杯”两岸青年乡村振兴研修营的工作并没有暂停。如果说“见学馆”团队是策划者，那么民革福建省委会就是践行者，在过去的两年间，一个负责策划设计、文创制作，一个负责牵头协调、凝聚合力。

大家同心协力，克服种种困难，默契的配合使得项目推进十分顺利。依山傍水的山中民宿、茶香四溢的茶文化体验工坊、需要走过吊桥才能进入的林间茶舍……秘境茶旅沿途每一处古朴雅致的建筑，甚至是内部的家具布置，都倾注了两岸团队共同的心血。

在数次来到干坑的过程中，民革福建省委会也与当地茶农结下了深厚的友谊。

奔赴未来，光泽探索美丽经济

探索美丽经济，构建茶旅产业融合，推动“绿水青山”转化为“金山银山”，正是光泽践行美丽中国建设总要求的重要体现。

为让光泽处于闽江上游的优质生态、美丽风景和绿色发展的资源禀赋高光亮相，民革福建省委会专门协调联络《中国国家地理》杂志采编团前来采风，设计和宣传茶旅秘境的路线，吸引全国各地的登山爱好者前来观光，从而更好地带动光泽茶旅产业发展。

《中国国家地理》在报道中诗意地称光泽为“最边远的江南”。这确有地理基础作为支撑：历史上的江西取“江南西道”得名，光泽紧邻江西，又恰好发源了白塔河、桂港水、资福水三条最终汇入长江的溪流，成为名副其实的最边远的江南。

现在，这里正在被越来越多人所熟知。2023 年，光泽县政府与福建正山堂茶业有限责任公司深度合作，成立光泽正心茶业发展有限公司；5月，由光泽县委县政府主办的正本清源·同心发展——第四届正山小种光泽红茶品鉴会暨核心经销商大会，邀请经销商赴光泽参加研讨活动；6月，光泽受邀参加“2023北京国际茶业展　北京马连道国际茶文化展　绍兴茶文化节”，向来自全国各地的茶友展示光泽生态好茶的独特魅力……品牌焕发活力，产业有了聚集，光泽大街小巷的茶馆越开越多，大型茶企的订单也越来越多，茶产业发展欣欣向荣，秘境茶旅也正逐渐被人所熟知。光泽的美丽经济探索初见成效。

“在我们闽北的茶产区产生了独具特色的两岸融合茶文化，这既是民革福建省委会的心血，也是两岸的共同智慧。以此为基点，把两岸的茶魂、茶根紧紧地融合在一起。”光泽县委书记陈中民说，在光泽红茶的生产和制作过程中，我们要真正体现生态产品应有的生态价值；我们更要在保护国家公园的同时生产茶，让保护环境和茶产业共生。

民革福建省委会主委夏先鹏回顾了过去两年的合作：“两岸携手并进，干坑红茶的品牌建设形成了良好的工作机制，我们与光泽县委县政府、‘见学馆’团队三方通力合作，共同把产业托起来，把乡村振兴的文章结合本地的实际做好，为光泽探索美丽经济、为构建美丽中国贡献民革力量。”

执笔人：李可、浮新才、邱凌、郑长青、陈劲羽

变山记

邱盛林

“绿水青山就是金山银山”和“人比山高”“脚比路长”一样，都是哲学观点，但“绿水青山”真的能变成“金山银山”吗？我的回答是“确实能”，我就亲历、亲见、亲闻了一个建制村从荒山变青山，继而变金山的过程。

这个村就是光泽县华桥乡的吴屯村。

◎吴屯村全貌

荒山

这个村的变化过程，得从该村的严金友说起。

2000年，我还在光泽县委报道组组长岗位。9月初，时任光泽县委常委、宣传部部长、下派华桥乡任乡党委书记的林有福告诉我他发现了一个致富典型，问我有没有兴趣。当时正是我国加入世贸组织前夕，正需要一些更新观念、敢想敢闯的典型引路。于是，头天接完电话，次日我便去华桥乡吴屯村找到了严金友。

吴屯村共12个村民小组，总耕地2800亩，山地1.3万亩。因这里鹰厦铁路和316国道穿村而过，村民的思想相对比较开放，能吃苦耐劳，“过好日子”的愿望较强烈。当时吴屯村山上林权没到户，种啥都没劲，任其荒着；田里只种一季水稻，加上规模小，没钱赚。为了增加收入，全村青壮年都外出打工、经商。唯独严金友和大家的思路不一样。

1959年出生的严金友，高考时因2分之差落榜，便决心立足家乡这片土地发家致富。从1980年开始，他在种好自己的承包田保吃饭的同时，不仅在屋后“羊子窠”试种茶树、橘树、杉木、银杏，而且远赴外地贩卖冻鱼、鱼苗、笋干，还试养过蚯蚓、苍蝇、牛、羊，但都因信息滞后、缺乏技术、资金不足等而失败。

立足于当时农村的民情实际和严金友创业的经验教训，我写了《严金友为何屡战屡败》一稿。这篇新闻调查稿于2000年9月11日在《福建日报》刊登，引起很大反响。首先是华桥乡党委政府组织本乡的邮电、金融、农技、供销等部门，在严金友家开了一个排忧解难的座谈会，帮严金友解决了安装电话、贷款和技术指导等问题。紧接着省政协、市县领导、报社、电视台记者都陆续前来调研、采访。县里不少会议也把严金友家作为参观点。严金友一时成了“大名人”。

真正让严金友咬定主业，走上将荒山变青山，继而带动全村“青山变金山”的，是2002年4月的那一天。那天，时任福建省省长习近平同志来光泽县调研，特意到严金友家。在看了严金友的茶果山，听了严金友介绍后，习近平同志鼓励他选择适合自己有把握的发展路子，专心做茶，并预祝他屡战屡胜。

时任吴屯村党支部书记龚伦启说：“吴屯村能把荒山都种上茶树、油茶树、果树和松杉树，严金友能成全村荒山变青山的带头人，习近平同志的讲话和期望起了十分重要的作用。”

青山

我生长于农村，当过民办教师、生产队队长、村干部，干了27年记者后调入县政协，深知那时农民“耳听为虚，眼见为实”的认识规律，更懂农村要发展，缺的就是带头人。严金友正是将荒山变青山继而变金山的带头人。

2002年5月起，严金友按照习近平同志指引的方向，专心做好茶产业。他先是关了养牛场，把茶园面积扩大至300亩，在驻村科技特派员的指导下，引入优质茶叶品种，打造生态有机茶园，同时学习绿、红、黑、白茶的制作技艺，建茶叶加工厂，变原来卖茶青为卖茶叶，逐步形成生产、加工、销售一条龙。

但在干得风生水起的同时，他也因“出名”而烦恼。比如各级领导、部门、媒体接连不断前来调研、采访，各类现场会、参观团，一批接一批地来，给严金友带来好政策、信息，以及资金帮扶的同时，一些不懂行的人也“乱支招”，搞得严金友无所适从。为了防止“典型一阵风”刮到严金友身上，我及时采写了《严金友稳着点》稿件，提出：各级、各部门在“雪中送炭”“锦上添花”的同时，要多出“实招”，少出“花招”；严金友也要经得起“帮扶”的考验，靠天靠地关键要靠自己。这篇稿子既为严金友疲于应付解围，又提醒他别重蹈覆辙。

这篇稿子在2002年1月14日的《福建日报》发表后不久，严金友特意跑到报道组来感谢我，说：“现在应酬少多了，可以专心做茶业了。今年卖茶叶、卖猪、卖玉米等共得纯收入2万多元，比上年增加了1倍多，同时发给村里人种茶、采茶工资2万多元，还带动了本村20多户人种茶、种果。目前才算开了个头，要带全村人发山财，自己就要担起‘龙头’的责任。大家有钱赚才是带好头，大家没钱赚就是带坏头。我不能带坏头，要带好头。”

2005年8月，时任浙江省委书记习近平同志在浙江湖州安吉考察时提出了“绿水青山就是金山银山”的科学论断。这时，茶园已扩大到600亩的

◎金映茶园

严金友信心更足，他说："要真正让大家认识到山地的生态、经济效益，就得把山当金山看，把耕地当种金子干，用手里实打实的收入，将外出的村民都吸引回村来一块干。"可是，就茶树上那几片嫩绿的叶子，怎能做出金子般诱人的效应来？

当靠经验、凭感觉的农业，提升到国家标准、行业规范时，对一个企业来说，就是脱胎换骨的升华。从什么地种什么茶，什么茶施什么肥，到什么病虫害用什么法防治，什么茶用什么设备加工，到销售线上线下选择，都有迹可循、有法可依，所以"金映"产品能顺利通过国家质量认证，只600亩茶园的"金映"能年产茶5万千克，年产值达1200万元，获南平市龙头企业称号。

金山

乡村兴不兴，进村看三景：一看白天各家大门是否开着，田间山头是否忙着；二看晚上各户灯光是否亮着，鸡犬之声是否存在；三看常年路上是否车多，各家烟火是否鼎盛。2021年3月，习近平总书记在武夷山燕子窠生态茶园考察时强调："要统筹做好茶文化、茶产业、茶科技这篇大文章，坚持绿色发展方向，强化品牌意识，优化营销流通环境，打牢乡村振兴的产业基础。"习近平总书记的讲话又一次为严金友"把茶产业做好"指明了方向。他首先把茶园面积扩大至1200亩；在有关部门的支持下，又对茶厂进行生产加工工艺技术升级改造，使茶叶加工水平上了一个新台阶，让公司产业链不断延伸。

走入茶园，看到的是最适应本地的优质茶叶品种，茶园周围的彩虹路，一盏盏生物防治和光电防治虫害的设施和山顶的观景亭；走入现代化加工厂房，看到的是从杀青到茶干检验的整个生产、包装生产线。严金友说："这些年之所以能信心满满地做茶，一是有习近平总书记指路，二是有省市县三级科研机构和科研人员的技术壮胆，三是有各相关部门的财力、物力、人力的

◎茶农在金映茶山采茶（周靖　摄）

支持。”严金友还引进了直播团队，对产品进行“线上+线下+现场”的销售。

现在，金映茶园入口处，由当地政府大力支持打造的“三茶”融合中心，犹如小型乡村博物馆般耸立；步入馆内，可在书籍摆放处翻阅相关图书，了解当地茶文化和茶知识；在手工体验区，可体验制茶的各种技艺；在品茗区，可感受各种茶品的浓香与醇厚；在观景区，可通过摄像头的信息采集装置、视频等实时观察茶园的气候状况、土壤性质、病虫害预报和全方位观赏茶园景观。

山下有“三茶”展馆，山上有茶香步道，山顶有茶室和观景亭；采茶时节，游客还能体验采茶、做茶，到过这里的人都称这里不仅是好茶的生产处、好玩的打卡处，还是荒山变青山、青山变金山的起源处。“我一直希望通过自己的努力，让乡亲们重新认识自己脚下这一片土地，重回家乡，把家乡的山变成金山，把家乡的地变成金土地。”

严金友“屡败屡战”的精神和实践，在吴屯村乃至华桥乡已陆续传扬。一是全村外出的乡亲都陆续回村了，跟着严金友种茶、种果、种树，把所有荒山都变成了青山、金山。全村2000多户籍人口，常年在家的达1500多人，成为全县常住人口最多的村。二是村民利用家乡土地资源广开生财渠道，涌现了茶叶、苗木、油茶、中药材和餐饮、旅游等产业。严金友茶园基地和“七彩吴屯”田园风光，常年都有外地游客来打卡，严金友生态茶园已成为大学生社会实践基地。

现在的吴屯村已由昔日的省级贫困村变成了省级乡村振兴示范村。村集体年可支配收入稳定在50万元以上，村民人均纯收入也达2.4万元。走进吴屯村，白天家家洋楼大门敞开，三餐饭菜飘香；晚上处处灯光闪亮；常年各类车辆不断，喜事连连。一到傍晚，穿村而过的华桥溪被彩灯装扮得如流动彩带般。溪边坐着的垂钓者也在那品尝着“绿水青山”变“金山银山”的惬意。

作者系光泽县政协文教卫体和文史委原主任

见证

【履职】

从“水体黑臭”到“水清岸绿”的治水兴水路

叶　敏

水运连着国运。一部泱泱大国的治国史，也是一部百折不挠的治水史。

八闽古都福州因水而兴。治水、护水、兴水是一代又一代福州人的使命，也是习近平总书记念兹在兹的嘱托。

20 世纪 90 年代初，习近平同志在福州工作期间，就亲自擘画并前瞻性地提出“全党动员、全民动手、条块结合、齐抓共治”的治水方略。拥有丰富水资源的福州，始终重视治水、护水、兴水之道。

多年来，福州市委市政府以“十六字”治水思路为指导，落实河湖长制，构建全域治水“七水同治”体系，让晋安河从“水体黑臭”的“问题河”摇身一变成为水清岸绿可以福舟悠游、龙舟竞渡的旅游河。

晋安河的蝶变，是福建省打造“八闽幸福河”，把城市内河建成文明河、经济河、旅游河的生动缩影。

作为全国政协委员、福建省水利厅厅长和省河长办主任，我时刻关注着福州晋安河的水生态治理。

河流巨变

初夏的傍晚，微风轻拂。晚餐后的市民们，三三两两地在晋安河畔的景观公园散步。全长 6.75 千米的晋安河，是福州城区最长，也是历史最悠久的人工内河，与光明港连通，从北至南贯穿鼓楼区、晋安区、台江区。

眼前的晋安河水流清澈、草长莺飞，谁能想到，它曾经是一条内涝频发、水体黑臭的“问题河”。

2005 年以来，福州发生较大范围的内涝有 7 次，主要集中在晋安河中上游地区，均是由于晋安河河水倒灌或漫溢引起。当年福州内河黑臭问题严重，主要原因是城区产业污水超排、生活区雨污分流不彻底、沿河截污不完整、河道底泥清淤不到位……同时，那时福州沿河景观也很差，沿河棚屋区、城中村较多，沿河居民随意倾倒垃圾、破坏绿化的现象也时有发生。

面对群众对水清岸绿美好生活环境的渴求，2016 年，福州举全市之力打响了治水攻坚战。这一次，城区 107 条主干河道和 49 条支流展开了综合治理。按照“系统、科学、管用”的原则，内涝治理、黑臭水体治理、污染源治理、水系周边环境治理等方案同步实施、环环相扣。同时，福州市在全省首创组建城区水系联排联调中心，打破“九龙治水”格局，实现统一调度、协同发力。

晋安河的治理凝聚了多方的力量。省、市政协很关心关注晋安河的治理，组织各级委员开展了一系列明察暗访和监督性调研视察。

在晋安河治理过程中，为确保工程实现预期目标，我多次到现场指导晋安河整治工作，还帮助组织福建省水利水电勘测设计研究院、福州市规划院等派驻专家驻点晋安河直排闽江通道工程、醉美晋安河等项目部，全面对接水利、城建、园林等部门专家驻点顾问，对施工技术规范、园林绿化、工程质量等工作“手把手教学”，实现设计、施工、质量等无缝衔接，竭尽全力加快工程进度、确保工程质量。

如今，十里西湖碧波荡漾，流花溪畔古榕环抱，晋安河边四季景新……“水清、河畅、岸绿、景美”的愿景已照进现实，晋安河排涝标准也由 5 年一遇提高到了 10 ～ 15 年一遇，城区内河基本消除黑臭，水系周边环境大幅改善。

随着 44 条黑臭水体摘去“黑帽”，99 条主干河道完整开放，231 座串珠

◎游客泛舟流花溪，欣赏两岸美景（林双伟　摄）

公园、475 千米滨河绿道“走”到群众身边，市民已畅享“推窗见绿、出门见园、行路见荫”的生态福利。

“治”好后的长效“呵护”

治理好的河湖，最重要的是管护。

早在 2014 年，福建便领先全国在全省主要流域实施河长制。而省会福州更是自加压力，将每年 3 月 14 日作为福州市河长日，并在水质全面提升目标完成之前，每月 14 日都作为河长日，叠加开展“护河爱水、清洁家园”行动，高位推进，统筹指挥，整合资源，全力攻坚。2024 年更是出台《福州市全域治水条例》，将河长日和河湖长制有关内容写入法规。

社会各界也通过各种形式参与其中。

2024 年，福州市政协全面启动政协委员河长民主监督工作，在全市范围内组织各级政协委员担任“政协委员河长”，采取巡河、调研等方式，围绕福州全域治水七大体系工作情况提出意见建议。如今，琼东河、安泰河、白马河、晋安湖、闽江等首批五条水系已由政协委员认领。

“政协委员河长”民主监督工作，是福建省政协 2024 年统一部署的创新举措。福州市政协联合市河长办制定工作方案，为“政协委员河长”履职搭建平台，建立健全长效机制。

福建省水利厅的数据显示，闽江流域共有河长 2753 名，配置河道专管员 3450 名。在这些河长与河道专管员的共同参与下，闽江流域综合整治、山水林田湖草沙系统治理等项目得到有效推进。

◎晋安湖尽显水清、岸绿、景美的生态景观（包华　摄）

从水之“治”到水之“兴”

竹桌、竹椅、大型油纸伞风格的遮阳伞，精彩的文艺展演……每逢假期，温泉公园晋安河游船码头就热闹非凡。河畔文化市集在这里举办，在古风“沏湖茶”茶摊，游客品香茗、吃小食，看展演、览河景，享受一场河畔的悠闲时光。

在晋安河从“治”到“兴”的过程中，政协始终发挥着参政议政的积极作用。政协委员们在晋安河扩河、清淤、清障、清抛石和阻水桥梁拆除改建、驳岸修复等整治措施基础上，进一步提出建设晋安河畔最美观光带，形成榕荫花岸特色。

整治后的晋安河，“颜值”和“实力”兼备，成为集生态、文化、功能于一身，兼具城市公园观光和交通功能的内河景观带，这些都离不开政协委员的提议和呼吁。

如今，公务之余，我经常会到晋安河走一走。晋安河沿线景观节点均已向市民开放，水清岸绿白鹭飞的晋安河已成为福州人最喜欢的点位之一。最美晋安河游船航线已成为福州网红打卡地。

绿水青山里有金山银山，“做活水文章，激活水经济”已然成为福建各地助力经济高质量发展的重要抓手。

悠悠流淌千年的晋安河上，碧波与榕荫相映成趣。如今，福州内河游已开通 8 条航线，里程共 40 千米，各类游船有 70 多艘。

福建利用治理好的河湖水系，大力引进中外专业水上运动队来福建集训，打造中国女子水球福建训练基地、国家蹼泳队训练基地。同时，福州已开通西湖—白马河、白马河南段、凤坂河、打铁港河等一批内河游线，打造独具特色的水中福道。计划到 2025 年底，开发内河水系 33 条，内河旅游可通航里程将超 100 千米。

“以水为脉，以水兴城，以水润民”的故事在福建刚刚起步。未来，福

◎游乐龙舟满载乘客，在白马河上行驶（陈暖　摄）

建将继续推动河湖生态保护和高质量发展，久久为功、不懈奋斗，让福建河湖成为造福人民的幸福河湖。

作者系全国政协委员、福建省水利厅厅长、致公党福建省委会副主委

王硕　整理

我们走在大路上：让中国更美丽

林朝明

“山更青啊水更绿，让中国更美丽！美丽的大自然是你我共同的家园，从你做起、从我做起、从现在做起，让爱通过心灵在大地上传递……”2020年6月5日，第49个世界环境日中国主题曲——《让中国更美丽》深深触动了我的心扉。主题曲传唱的是优美的旋律，传递的却是神圣的使命。那天，我正式到省政协人资环委工作。

我在溪源江当河长

溪源江，位于福州市闽侯县上街镇，源出福州旗山山区，由北向南蜿蜒穿过福州大学城后汇入乌龙江。2017年10月至2019年12月，我挂职任闽侯县委常委、副县长，同时担任溪源江河长。

2018年5月，溪源江广贤桥断面被检测出劣V类水质，生态环境部华东督察局挂号督办。上街镇的同志告诉我，福州大学城内高校及沿江村庄污水排放入河造成溪源江水质差，究其原因是随着大学城人口急剧增加，市政污水主干管道口径不够大，排污不畅；一些地下污水管网年久失修，发生坍塌导致堵塞，疏通清理难；一些雨水管道、污水管网错接混接，导致污水外溢、直排；还有一些城中村从未修建污水管网，而有的村庄很快就要整村征迁了，再去修建管网实在没有必要，不建则污水入河问题的现实又摆在那里。林林总总的问题让人头大。

我和县河长办、生态环境局、住建局等部门同志走进溪源江沿线村庄和大学城高校各个角落，逐一察看可疑排污口。我还多次坐上又窄又矮的简易船去巡河，乍一看河道两岸风景优美，仔细一看，一些入河排污口正在汩汩地冒着满是泡沫的污水，有时周围还漂浮着垃圾和死鱼，散发着恶臭。县生态环境局组织力量对入河排污口进行了全面排查登记。我跑到省、市生态环境部门寻求帮助，得到很多的指导与支持。

经过前期摸排后，我们迅速研究确定整治方案，启动投入6000多万元的溪源江污水整治专项工程，通过新建学府南路、邱阳河路、明德路、溪源宫路等四条主干管污水管道工程，收集散乱排放入河的污水，以彻底改变雨污混流。个别地方因为条件限制，采取截留井、临时挂管等办法进行截污。上街镇党委、政府领导组织小分队日夜攻坚，及时为项目施工方解决征地、渣土、交通等问题。我每周至少一次地跑到项目现场督促推进、协调解决问题。

功夫不负有心人。最终，溪源江水质在2019年3月从劣Ⅴ类提升到Ⅳ类以上，整改任务初步告捷。我心里暗暗想，当时签署河长责任书时，我是立下军令状的。

“委员河长”在行动

记得有朋友戏说，是不是组织上知道你在闽侯当过河长，才把你安排在与生态环保有关的人资环委工作呀。我笑而未答。

2022年底，三明市政协主席宋志强给我打来电话说，希望得到我们委员会支持，共同推动建立“委员河长”民主监督工作标准规范。我知道从2020年8月起，三明市政协就率先选聘政协委员担任“委员河长”，因此马上表示支持。省政协人资环委主任曹建平听我报告后，也是满口赞同。很快，省政协选举产生新一届领导班子。滕佳材主席明确提出要打造全省政协“委员河长”工作品牌。时任分管领导副主席余军也非常支持。

拿着“尚方宝剑”，2023年初，我受邀参加三明市召开的深化“委员河长”工作视频会议，并在会上表态支持“委员河长”民主监督工作。三明市政协副主席蒋先东专程带队到省政协和我们委员会沟通对接。经过省市政协、水利以及市场监管部门的一番努力，11月29日，福建省地方标准第5号公告发布《“政协委员河长”民主监督规范》，省市场监督管理局副局长刘先义告诉我们，这是全国首个政协民主监督方面的省级地方标准。

紧接着，2024年3月，全省政协推广宣传《“政协委员河长”民主监督规范》暨人口资源环境委员会工作座谈会在三明市泰宁县召开。省政协副主席张国旺要求全省政协人资环委系统深入开展“委员河长”民主监督工作，服务于全省政协“为闽协商　为民服务”特色品牌建设。3月22日“世界水日”上，我们发出《争当“政协委员河长”　共建美丽幸福河湖》倡议书。全省各级政协纷纷行动起来，据不完全统计，目前全省共有2043名省、市、县政协委员担当“委员河长”，累计巡河50多万千米，推动解决具体问题5300多件。相关做法入选水利部全面推行河湖长制典型案例，福建省河长办发文推介“委员河长”工作经验。

全省政协从2020年8月在三明市率先探索“委员河长”民主监督实践，到《“政协委员河长”民主监督规范》的制定、出台、实施、推广，走出了一条把政协制度优势转化为基层治理效能的创新之路，也走出了一条“从实践中来，到实践中去”的先进工作制度化、规范化、可推广化之路。2024年5月，听了我关于福建省“政协委员河长”民主监督工作的汇报后，来闽调研的全国政协副主席王光谦赞许这是政协助力生态文明建设的“福建实践”。

◎ 2024 年 3 月，全省政协推广宣传《“政协委员河长”民主监督规范》暨人口资源环境委员会工作座谈会在三明市泰宁县召开

全国政协主席和我们视频连线

2023 年，中央召开全国生态环境保护大会，全国人大通过设立全国生态日的决定，全国政协和地方政协增设环境资源界。

2023 年 1 月，同其他许多省份一样，福建省政协增设了环境资源界，我很荣幸地成为这个界别的一名委员。3 月，福建省水利厅厅长叶敏以环境资源界委员身份参加了全国政协大会。在我看来，增设环境资源界是当前适应国家发展的应有之义。作为政协环境资源界的委员，自这个界别设立起，我们就肩负着特殊的使命，就是要学懂弄通做实习近平生态文明思想，为谱写人与自然和谐共生现代化贡献智慧和力量。

8月3日，全国政协人资环委办公室主任苏贵光打来电话，请我联系叶敏厅长参加全国政协“推动建立生态产品价值实现机制”远程协商会视频连线发言。我知道，建立健全生态产品价值实现机制，是习近平总书记亲自擘画、部署、推动的一项重大改革任务。年初以来，我们主动加强与全国政协人资环委的沟通汇报、上下联动、同题共答，已于7月召开“创新生态产品价值实现机制”专题协商会。此次视频连线活动，不正是向全国展示福建的好机会吗？

我接下任务，并约好叶敏厅长第二天早上当面详谈。我想，我们都是环境资源界委员，应该可以一起干个“漂亮仗”。

后来，我了解到这次全国政协还将在北京延庆、浙江湖州、江西抚州等地设立视频连线点。如何展现福建特色呢？如何在全国崭露头角呢？经过深入思考，我提出一个方案：将视频连线点设在“青山绿水是无价之宝”首提地三明市将乐县常口村；围绕“以深化林业改革为突破，加快推进自然资源领域生态产品价值实现”主题发言；发言期间插播PPT，重点展示全国首笔林票、全国首张林业碳票等工作。方案很快得到各方认同。随即，我组织委员会办公室陈媛同志和水利厅办公室张智杰同志多次研讨、打磨发言材料。

9月1日，我陪同叶敏厅长赴将乐县常口村参加全国政协连线试讲。连线结束后，叶敏厅长不满意自己的试讲效果。于是，我取消了当晚回福州的行程，临时策划了一场“群英会”。我请同行的三明市政协人资环委主任周永东联系三明市林业局副局长潘子凡赶到将乐县，为我们“开小灶”。潘子凡副局长熟悉林改工作，林票、碳票讲得头头是道，在场的其他同志则模拟提出问题请叶敏厅长回答，然后大家再点评。这场临时召开的“群英会”，让叶敏厅长吃下了一颗定心丸。

9月8日上午，全国政协召开远程协商会。叶敏厅长右手指向村口石碑，开口发言就“镇住”全场：“青山绿水是无价之宝，这是1997年4月习近平同志在福建工作期间到常口村调研时留下的殷殷嘱托。如今，在八闽大地

◎三明市将乐县常口村

上，保护绿水青山早已成为人们的行动自觉，人与自然和谐共生的理念深入人心……”全国政协主席王沪宁听了发言后，就林票、碳票是怎么创设的，两者之间有什么关系，如何定价和开展交易等问题连续 13 次发问。问题接二连三，回答相当精彩，足见“群英会”后叶敏厅长花了多少精力，做了多少功课。当晚，中央电视台新闻联播进行了播报。到现在，许多人还津津乐道，都说那场视频连线展示了生态产品价值实现的“福建经验”和“清新福建”亮丽名片，不少兄弟省市纷纷到三明调研取经。

聆听“菌草之父”的“山海情”

林占熺老师是电视剧《山海情》中凌一农教授的原型。2022年度感动中国人物给他的颁奖词是：“咬定青山大地，立根黄沙破岩。传递幸福，不以闽宁为限；传播文明，不以山海为远。时不我待，所以只争朝夕；心系乡土，所以敢为天下先。你不是田间的野草，你是新时代滋养的大树。”

2023年6月4日，作为主办单位方，我到莆田市参加世界环境日福建主会场活动。从会议指南上我看到“菌草之父”林占熺老师和他的女儿林冬梅也来了。晚上8点左右，我接到冬梅老师的电话，说林老师想到我房间来坐坐。林老师要来看我？我一下子从沙发上弹了起来，连忙跟冬梅老师说我马上去拜访林老师。

认识林老师有10多个年头了，那时我还在省委统战部工作，2011年省直统战系统准备实施“同心”工程，曾考虑利用菌草技术助推政和县域经济发展。七八月间，时任省委统战部部长张燮飞带队到福建农林大学菌草中心开展调研，就在那时我第一次见到林老师。后来，林老师多次到省政协，和张燮飞副主席交谈在国内外推广发展菌草技术的情况，我都有在场。2017年底我到县里挂职后，就没怎么见过林老师了。

到了林老师房间，他热情地拉着我的手说，很高兴知道我到省政协人资环委工作，这样以后会有更多的联系了。他饶有兴趣地跟我讲了习近平总书记关心支持菌草技术发展壮大的故事；讲小小的菌草，不仅可以帮助贫困人口脱贫致富，还能减少木材消耗，为“双碳”工作作贡献；讲了他当年带着6箱菌草前往宁夏，克服种种困难教当地村民种菌草、种蘑菇的事；讲了他们这些年在内蒙古阿拉善盟利用菌草阻沙入河、构筑黄河流域生态屏障的事；也讲了曾经不被理解甚至被质疑，但自己始终坚定目标、锲而不舍的事。我安安静静地听他讲，如沐春风。我感觉，我简直就是一棵“幸福草”。

2023 年 7 月 26 日，林老师欣然接受我们的邀请，在省政协“创新生态产品价值实现机制”专题协商会上作视频发言。他激动地说，习近平总书记为菌草技术援外 20 周年发来了贺信，鼓励我们让菌草技术成为造福广大发展中国家人民的“幸福草”。8 月 29 日，我受邀参加福建农林大学菌草与生态学院揭牌仪式，原以为会碰见林老师。冬梅老师告诉我，林老师和她在宁夏参加国家林草局组织的全国菌草技术推广现场会。仪式开始前，福建农林大学校长兰思仁对我说，校、委可以加强合作，共同助推生态省建设。经过一番上报、沟通与筹备，12 月 11 日上午，校、委双方签订战略合作协议，并在菌草中心设立省政协委员联系点。这一趟林老师在家，和我们在“菌草源”碑前合影并不辞辛苦地讲解，又一次让我敬佩不已。

◎ 2023 年 12 月，林占熺介绍菌草技术发展相关情况

2024年6月17日，全国政协人资环委副主任潘立刚一行来闽，围绕“美丽中国建设”主题，深入菌草中心了解菌草技术在生态治理等方面取得的成效。还是林老师自己上阵，引导我们把菌草中心前前后后参观了一遍。到一楼大厅参观时，刚好“天公作美”，下起一阵大雨，我暗自窃喜，这下更有充裕的时间聆听林老师的“菌草课堂”了。

林老师说过，他虽然已经80多岁了，但还要像一个新战士那样去奋斗。这样的“山海情”聆听越多次，我越被感动、越被迷住。

作者系福建省政协人口资源环境委员会专职副主任

为了福建那一方生态美

——我所认识和参与的福建生态省建设

关琰珠

1987年，我从北京师范大学环境科学研究所硕士毕业，先后任职于福建省环境保护局、福建省人大环境委员会、厦门市环境保护局、厦门市政协经济城建委员会（人口资源环境委员会），且一直围绕生态文明建设这一主线工作，是福建生态省建设的亲历者、见证者、参与者、实践者。

开启生态省建设研究

2002年7月3日，在全省环保大会上，时任福建省省长习近平同志作《全面推进生态省建设，争创协调发展新优势》的主旨报告，提出明确的目标要求，即经过20年的努力奋斗，把福建建设成为生态效益型经济发达、城乡人居环境优美舒适、自然资源永续利用、生态环境全面优化、人与自然和谐相处的经济繁荣、山川秀美、生态文明的可持续发展省份。

我当时任福建省人大环境委员会秘书处副处长，有幸参加了这次大会。当时我正在福建师范大学攻读博士学位，苦于没有合适的博士论文选题，得知福建将全面推进生态省建设，我立即明确了方向，选定生态省建设这一主题，得到导师朱鹤健教授的大力支持。同时，身为致公党福建省委会参政议政工作委员会委员，我也将福建建设生态省的事情报告给致公党福建省委会领导。致公党福建省委会高度重视，将其列入重要议事日程。由于生态省建设是新生事物，国内外还没有可供借鉴的成功经验，致公党福建省委会就从基础研究开始涉足生态文明建设领域，积极号召党员专家学者投身生态省建设研究。

为此，我申报并承担了福建省科技厅重点课题子课题“福建生态省建设指标体系研究及法制保障”，参与国家重大科技项目、福建省资源与环境“211 工程”重点学科项目《东南沿海发达地区可持续发展指标体系与监测系统》。在此基础上，我完成了博士论文《区域生态环境建设的理论与实践研究——以福建省为例》，被省教育厅评为优秀博士毕业论文一等奖。我于 2005 年 10 月出版的专著《区域生态环境建设的理论与实践研究——以福建省为例》，被评为 2006 年度福建省自然科学优秀学术论文二等奖。同时，基于这一研究成果，我又在《中国可持续发展》《中国发展》《中国林业》等刊物发表论文 10 余篇，为福建生态省建设积极建言献策。

推进福建生态省建设立法

回想推动福建生态省建设立法，我由衷地感到既自豪又遗憾。

2002 年，由我执笔完成的致公党福建省委会课题转化的《关于推进福建生态省建设进程的建议》被福建省第九届人民代表大会第五次会议采用。随后，福建省人大常委会将其列入 2002 年立法计划，并确定立法项目名称为《福建省关于生态省建设的若干规定》，当时这在全国是首例。

为了做好这项工作，福建省人大环境委员会在立法调研形式上进行了改革和创新，在全省范围内开展了关于“福建生态省建设理论研究和实践探讨”征文活动，省人大环境委员会召开了两次“福建生态省建设立法研讨会”。

其间，我起草了《福建省关于建设生态省的若干规定》，并五易其稿，对依据和目的、定义、目标、基本原则、职责分工、任务和措施、生态省建设功能区划、对重要生态功能区保护、重点资源保护、投入保障、宣传保障、建立生态补偿机制、优惠政策、建立奖惩机制等 14 个部分作出明确规定。其中提出的“建立健全森林生态补偿制度和异地生态环境补偿机制。生态受益地区、受益者向生态保护区、流域上游地区提供经济补偿。在闽江、九龙江等主要流域，上、下游地区河流水质在交界断面应当达到国家或地方规定的相应功能区标准。河流水质劣于标准的，上游地区根据超标污染物的种类、超标倍数、超标率向下游地区赔偿；水质优于标准的，下游地区按照本地区上一年度 GDP 的不超过 0.5% 向上游地区补偿。依前款规定所得赔偿或补偿资金必须用于该地区的生态保护和建设项目，资金的征收、管理、使用必须公开，接受监督”等，现在都已经实施。遗憾的是，由于某些原因，该规定最终没能出台，但致公党福建省委会仍然坚持不懈地继续做研究、写提案。

时间是检验真理的试金石。2015 年 1 月 28 日，福建省人民政府印发《福建省重点流域生态补偿办法》。2018 年 9 月 30 日，福建省第十三届人大常委会第六次会议审议通过了《福建省生态文明建设促进条例》，“绿水青山就是金山银山”首次被写入福建省地方性法规中。

此时，距离我们在 2002 年提出的人大建议已经分别过去了 13 年和 16 年。可见，生态文明建设是一项长期的、艰巨的系统工程，有待各级领导干部及广大群众意识的提高。而民主党派在生态文明建设研究及推进地方立法的前瞻性及实用性、可操作性等方面的工作，都是值得骄傲和自豪的。

不忘初心使命

福建是习近平生态文明思想的重要孕育地和实践地。20 多年过去了，福建各级党委、政府牢记嘱托，一任接着一任干，一张蓝图绘到底，扎实推进从建设生态省向建设国家生态文明试验区、再向建设美丽福建持续深化。2014 年 3 月 10 日，国务院出台了《关于支持福建省深入实施生态省战略加快生态文明先行示范区建设的若干意见》，福建省成为国务院确定的全国第一个生态文明先行示范区。2024 年 7 月，中共福建省委、福建省人民政府印发《关于更高起点建设生态强省　谱写美丽中国建设福建篇章的实施方案》，全力构建从山顶到海洋的保护治理大格局，推动生态环境高颜值和经济发展高素质协同并进，加快推进人与自然和谐共生的现代化，让绿水青山永远成为福建的骄傲。

厦门是习近平生态文明思想的重要孕育地和先行实践地。厦门市始终牢记习近平同志赋予的“成为生态省建设的排头兵”的殷切期望，生态文明建

◎ 2024 年，厦门市委宣传部、厦门市社会科学界联合会带队，率习近平生态文明思想专项课题组成员参加第 17 届中国能源环境高峰论坛

设制度体系基本建成。通过开展“生态村、生态镇、生态区、生态市”四级联创，海沧、集美、同安、翔安 4 个涉农区全部获评“国家生态区”；2016 年，厦门市获评“国家生态市”，成为福建省首个、全国副省级城市中第二个获此殊荣的城市。2017 年以来，厦门进一步做好生态文明建设的提档升级，海沧区、思明区分别获评第一批、第二批“国家生态文明建设示范区”。2019 年，中国工程院发布的报告显示，厦门生态文明指数居全国设区级及以上城市之首。2023 年，自然资源部《久久为功系统治理，厦门 35 年海洋生态修复成效显著》得到习近平总书记重要批示，15 家中央主要媒体推出习近平生态文明思想“厦门实践”报道 200 多篇。2024 年，致公党厦门市委会成功申报中共厦门市委宣传部、厦门市社会科学界联合会“习近平在厦门”系列理论研究——习近平生态文明思想专项课题《习近平生态文明思想

◎ 2017 年，致公党厦门市委会妇委会举办“发挥妇女在家庭垃圾分类减量中的突出作用”讲座

“厦门实践”研究》。

2002年以来，我个人关于生态文明建设方面的研究成果，有2项获国家环境保护总局表彰，有1项获中共中央编译局办公厅、厦门市委办公厅表彰，有5项调研成果获评致公党中央优秀调研课题奖；17件调研成果被致公党中央采用作为提案发言，报送全国政协大会，其中，入选大会书面发言2件、重点提案2件、《重要提案摘报》1件；50件被省政协大会相关提案发言采用，其中，入选重点提案1件、《重要提案摘报》3件、大会发言10件；被《福建日报》摘登1次，获省领导批示5件次。出版专著《区域生态环境建设的理论与实践研究——以福建省为例》，编译《中小学环境教学参考书》，参与编写专著《循环经济　厦门在行动》《生态文明构建：理论与实践》《生态文明的探索与厦门生态建设的实践》。

在践行习近平生态文明思想的过程中，在致力于福建生态美的路上，有致公党人的付出与奉献，凝聚着致公党人的聪明才智。在新时代、新阶段、新征程上，在习近平生态文明思想指引下，中国绿色发展的道路一定会越走越宽广，民主党派也将发挥越来越大的作用。在致力于天更蓝、山更绿、水更清、生态更优美的中华大地上，致公党人的不懈努力与追求永远存在。

作者系厦门市政协原副秘书长、二级巡视员，致公党厦门市委会副主委

许丹　整理

栗喉蜂虎的涅槃重生与五缘湾三十年沧桑巨变

彭志伟

栗喉蜂虎，主要分布于亚热带地区和中国东南部沿海。栗喉蜂虎具有显眼的栗红色喉部和黑色的过眼纹，全身闪烁着金属般的艳丽光泽，被称为中国最美丽的林鸟之一。栗喉蜂虎于每年的 4 月下旬到 10 月初在厦门地区繁衍后代，初秋时节飞往东南亚、云南等地区越冬。它们的迁徙路线大都是沿着海岸线进行，单趟迁徙旅程长达 3000 千米，这对于体型较小的它们

◎栗喉蜂虎

来说，是一场艰难的挑战。但它们每年都能准时地“拖家带口”回到它们的家乡——厦门，年复一年，周而复始，逐渐成为厦门城市季节变换的明显标识。它们喜欢聚群生活，在同一个地方筑巢繁衍，一起捕捉食物，这种习性和闽南地区以单一姓氏的家族村落生活方式非常相似，具有团结互助的家族特性和浓厚的乡土情怀。

昔日的钟宅湾

五缘湾原名钟宅湾，位于厦门岛东北部，是厦门岛内一处天然的河口湾区，更是候鸟南北迁徙途中的一处重要的驿站和越冬地。1956年，厦门市修建钟宅到五通的海堤，阻断了海水的自然交换，使得内湾水质急剧下降，外湾海岸线长期被侵蚀，形成大面积潮滩。20世纪60—80年代，当地政府曾在此设立过前哨盐场。随后，附近的村民在废弃的盐田上建设了各种水产养殖场，其产生的废水、废渣对周边环境造成持续的污染和破坏，进一步加剧了湾区生态的恶化。20世纪90年代开始，陆续有不少在厦门思明区厦禾路、湖滨南路的工业企业搬迁到湾区附近的枋湖工业区，同时，大量的中小型民营企业、工厂在钟宅湾周边设立，随之而来的是人流量的剧增，再加上周边居民随意倾倒、堆存生活垃圾，整个湾区变成了污水横流的垃圾场和臭水池，自然生态系统被严重破坏。

20世纪90年代，分别连接钟宅村到五通、高林村的两条堤坝将钟宅湾分割成海水和淡水两种完全不同的生态环境。外湾广阔的大海被钟宅到五通的堤坝拦截，两侧窄长的潮流沟和废弃的盐田，被当地村民修建成星罗棋布的海水养殖鱼塘。这里是各种鸻鹬、鸥类的觅食地和在高潮水位时的休息区域。内湾由钟宅通往高林的堤坝将钟宅湾切割成水域面积较为宽广的淡水水库，这里是湾区村民农业灌溉的重要水源，并伴有大片的芦苇丛、废耕地、小鱼塘和沼泽地，每年冬季有大群的鸬鹚和苍鹭在此越冬。钟宅湾的上游是

◎ 20 世纪 90 年代末的钟宅湾

库容量约 600 万立方米的湖边水库，是厦门岛内最大的淡水水库；西南方向海拔从 50 多米至 100 多米的虎头山、金山是鹭科鸟类在厦门岛东北部主要的繁殖地和夜栖地。

栗喉蜂虎在五缘湾的发现历程

1996 年初，厦门太古可口可乐饮料有限公司从湖滨南路搬迁到枋湖工业区的虎头山边。虎头山曾是部队的驻防区，20 世纪 80 年代开始，部队陆续迁至岛外，山上遗留下许多废弃的碉堡和纵横交错的战壕。山麓上人迹罕至，仅有大片茂密的马尾松和相思树，吸引着小白鹭、池鹭、夜鹭、牛背鹭等各种鸟类在此栖息繁衍。1996—2007 年，每年都有大群的鹭鸟在此筑巢繁殖。工作之余，我经常骑着摩托车从太古公司来到虎头山拍摄白鹭。在这里，我拍摄了大量鸟类作品，而成立鸟类保护组织的念头也自此萌发。

栗喉蜂虎最初是在虎头山被记录到的。那是1998年一个初夏的早晨，我像往常一样骑着摩托车来到虎头山。在半山腰，一小群色泽艳丽的小鸟突然从我眼前一闪而过，它们在蔚蓝的天空中叽叽喳喳地鸣唱，并且能在快速飞行中保持非常好的机动性。这让我感到无比惊奇，不由得追随着它们欢快的声音而去。在艰难地穿过荆棘密布的土坡后，我通过望远镜看到它们在山顶上的一棵已枯掉的老树上栖息，嘴里还叼着蝴蝶、蜜蜂。这是我这几年在虎头山上从未见过的鸟类，让我感到无比兴奋和激动。我连忙取相机和镜头，躲在枯树附近，拍下它们亮丽的身姿。照片冲洗出来后，我通过查阅资料以及向厦门大学生命科学学院鸟类学教授陈小麟请教，最终确认它们是栗喉蜂虎（Blue-tailed Bee-eater）。

此后，经过2年多的跟踪调查，我发现这群栗喉蜂虎在虎头山南麓后坑机砖场中毁弃的取土区挖洞繁殖。2002年3月30日，厦门市观鸟协会正式成立后，我和陈小麟教授以及其他会员多次深入虎头山调查栗喉蜂虎和相关鸟类（主要是鹭科鸟类）的栖息状况。经过调查，我们记录到在虎头山栖息的鸟类有70多种，而每年在虎头山出现的栗喉蜂虎种群数量一直稳定维持在100只左右，种群中既有成鸟也有不少刚出生的亚成鸟，但很可惜的是没有发现栗喉蜂虎的新巢址。2003年，吉家家世界开始开工建设，这一工程的开展，使得在虎头山上繁殖的鹭鸟种群和栗喉蜂虎逐渐减少。2003年4月28日，《厦门晚报》刊发了《虎头山回归白鹭不到百只，栗喉蜂虎数量急剧减少》的报道，引起厦门市政协委员的关注。同年4月30日，我和市林业局工作人员陪同20多名市政协委员到五缘湾调研，第一站就到虎头山。车到半山坡，电线上停着的几只栗喉蜂虎，牢牢地吸引住大家的目光。委员们通过望远镜清楚地欣赏到这种在城市中罕见的、羽毛色泽艳丽的小鸟。虎头山上，除了成群的鹭鸟、栗喉蜂虎，还有许多种野生鸟类在此栖息，让委员们赞叹不已。对于正不断遭到破坏的虎头山，委员们纷纷表示政府应该及时采取措施加以保护。

◎ 2000 年的虎头山

2004 年 12 月，我和思明区金鸡亭小学的师生一同将五缘湾及虎头山保护的相关建议报告，发送给市政府和市政协科教文卫委秘书处，通过政协建议推动钟宅湾和虎头山的生态保护。

两岸同胞携手推动栗喉蜂虎保护区的建设

2005 年，厦门市借鉴筼筜湖的治理经验，启动了五缘湾片区的综合整治工程，通过退地还海与清淤疏浚等措施，使得海域面积由 112 公顷增至 242 公顷，水深增加约 5.5 米，海域纳潮量增加约 500 万立方米，海洋生态系统得到初步恢复。

2006 年，厦门高崎机场三期扩建工程开工建设，骑马山为机场建设的取土区。由是，栗喉蜂虎的繁殖地再次面临被破坏的窘境。观鸟协会会员们非常着急，通过厦门电视台、《厦门晚报》等媒体，呼吁政府和建设单位能够给予重视和保护。但当时栗喉蜂虎并不是国家重点保护动物，在高楼林立的城市中心想要保留下这 40 公顷的土地，并将其从建设用地调整为生态保护用地，谈何容易。

转机出现在2006年初夏，厦门市台湾同胞联谊会邀请观鸟协会帮忙，带领在厦台籍学生和家属在五缘湾和翔安的东坑湾、张埭桥开展野外观鸟导赏活动。在此期间，我向市台联领导提及台湾黑脸琵鹭保护，市观鸟协会和台湾观鸟组织、爱好者在闽江口寻找“神话之鸟”——中华凤头燕鸥，以及开展福建沿海岛屿鸟类调查的合作。两岸同胞携手保护鸟类的事迹，深深触动了市台联的领导。在市台联领导的关心和推动下，2006年8月，厦门市观鸟协会组织会员到具有多年栗喉蜂虎保护经验的金门县野鸟会进行交流学习，并邀请台湾地区的观鸟社团和鸟类专家、爱好者到厦门参加2007年台交会期间举办的首届海峡两岸生态摄影展和观鸟暨生态旅游论坛。

2007年4月，第11届台交会期间，由厦门市台湾同胞联谊会、厦门市环境保护局主办，厦门市观鸟协会承办的首届海峡两岸生态摄影展和观鸟暨生态旅游论坛举行，126幅来自海峡两岸的野生鸟类、昆虫、两栖爬行动物的精美图片，在论坛上进行展示。两岸客商和厦门市民络绎不绝地流连在大幅精美的鸟类图片展板间，赞叹不绝。

中华全国台湾同胞联谊会原会长林丽韫，时任中国生物多样性保护基金会名誉理事长，专程到厦门为该论坛揭幕，聆听论坛发言。她对台湾客人说：“我今天一直都在听你们的发言，非常好，有很多收获，两岸这样的交流要继续进行下去。”

论坛的成功举行，对于如何开展民间社团活动促进生态保护有积极的意义，台湾鸟友对此介绍了很多经验，两岸鸟友对栗喉蜂虎保护区的设立充满了希望。2007年，栗喉蜂虎被厦门市民评为最美丽的林鸟。

2009年，厦门市观鸟协会专门成立了栗喉蜂虎保护工作小组，针对栗喉蜂虎的保护工作邀请众多台湾鸟友来厦门做宣传，厦门地区的主流媒体也积极报道宣传。这在社会各界引起了巨大反响，也让协会吸收了许多在政府、国有企业工作，且同样热爱鸟类摄影和关心生态环境保护的会员，如时任厦门机场建设指挥部的王雁飞，厦门航空公司的沈志群、尚新生、施和平等人。大家各尽其力，通过各种途径将栗喉蜂虎的生存困境及迫切需要人为干预保护的情况及时准确地传递到政府决策部门和时任五缘湾片区建设总指挥潘世健副市长的手中。与此同时，协会也积极响应，会员们出钱出力，通过租洒水车、雇安保人员等，做好骑马山栗喉蜂虎繁殖地的临时保护工作，并配合厦门大学生命科学学院、市环境保护局等单位开展栗喉蜂虎栖息习性、厦门地区的种群分布调查和研究，为保护区的规划设计提供准确、科学、客观的基础数据和建设意见。

2011 年 11 月 17 日，时任厦门市委常委、副市长林国耀组织召开多部门参加的关于五缘湾栗喉蜂虎自然保护区建设问题政府专题会议，厦门市环保局领导在会议上作关于建立五缘湾栗喉蜂虎自然保护区的情况汇报。本次会议明确了设立栗喉蜂虎自然保护区的有关事项。

12 月 14 日，厦门市政府发布了建立厦门五缘湾栗喉蜂虎自然保护区的通知，及时调整五缘湾片区的开发利用规划，果断放弃房地产开发，保留下湾区内 89 公顷的原生湿地，并在此基础上种植 6116 平方米红树林，建成 40 公顷的栗喉蜂虎鸟类自然保护区，使其成为 90 余种野生鸟类的乐园。12 月 27 日，厦门五缘湾栗喉蜂虎自然保护区揭牌成立。

自 2011 年保护区成立以来，厦门市观鸟协会、厦门大学、金门野鸟会、保护区工作人员始终保持紧密联系，联合开展研究。针对骑马山保护区面积小、生态环境脆弱，以及栗喉蜂虎不使用旧巢而是每年要重新挖巢繁衍的情况，通过学习总结金门保护栗喉蜂虎的经验，采取对栗喉蜂虎使用过的洞穴进行高压冲洗、回填的方式，解决在栗喉蜂虎结束繁殖后，需要重新对土坡进行截面处理的难题。2018 年 9 月初至今，我们在五缘湾湿地公园通屿觅食区，便能观测到 3000 只以上栗喉蜂虎在迁徙前集群活动的壮观场面。

◎ 2011 年 12 月，厦门五缘湾栗喉蜂虎自然保护区揭牌

五缘湾生态价值、社会价值与经济价值飞跃式提升

如今，五缘湾片区已成为集湿地、海湾、珍稀动植物等多种自然资源要素于一体的生态空间，生态用地面积较以往增加 2.3 倍，城市绿地率从 5.4% 升至 13.8%，人均绿化面积达 19.4 平方米，空气质量保持在优良水平，国控点位水质优良比例达 100%。

五缘湾成为厦门新的城市“会客厅”，吸引了众多游客前来观光旅游。2023 年，来五缘湾的游客数量比 2019 年增加了 50%，仅体验帆船的游客就有 50 多万人次。同时，这里还经常举办各种文化活动，如音乐节、艺术展等，丰富了市民的文化生活。

良好的生态环境构成了经济增长的着力点和支撑点，吸引了众多的知名

◎如今的五缘湾

企业落户。目前，湾区内已陆续建成厦门国际游艇汇、五缘湾帆船港等高端文旅设施和湾悦城等多家商业综合体，“海洋+”模式不断深化。五缘湾已由原来以农业生产为主，发展成为以生态居住、休闲旅游、医疗健康、商业酒店、商务办公等现代服务产业为主导的城市新区。

于 2011 年成立的厦门五缘湾栗喉蜂虎自然保护区，是当时中国大陆第一个设在中心城区的市级自然保护区。保护区的设立，是中国大陆民间社会团体组织通过与政府进行有效的沟通和合作，将非保护用地变成保护用地的成功案例，是海峡两岸同胞、民间组织自发携手保护珍稀物种的壮举，具有里程碑的意义。

作者系厦门市政协委员、厦门市观鸟协会会长

参政为人民，两岸一家亲

——福建民盟推动解决台农林权证办理问题始末

民盟福建省委会

台农坦言，期盼恢复林权证办理

2017年3月12日，民盟厦门市委会“在闽台湾农民创业园发展现状及投资环境”课题组赴龙岩市漳平台湾农民创业园调研，受到了台创园管委会副主任、漳平鸿鼎农场开发有限公司董事长李志鸿的热情接待。

李志鸿，1961年出生于台北市，是典型的爱国台胞。2004年，在民进党上台执政、两岸形势并不明朗的情况下，李志鸿毅然回到家乡漳平永福创业，从事高山乌龙茶种植加工。截至2017年底，李志鸿的农场已开发茶园2500亩，产出的优良茶叶成为厦门金砖会晤选用茶品。

在和调研组成员交流的过程中，李志鸿坦言，最让台胞们担忧的还是林权证问题。据李志鸿所言，当地林业部门2008年之前还准许台农办理林权证，2008年停止发证并改为林权登记，2012年起全部停止面向台农的林权证办理和林权登记。

不能办理林权证，向银行申请贷款、林权流转和合作入股、林地承包期满后的续期和退出、子女的产业继承等方面都将受到重大影响，林权问题因此成了许多在闽台农的心病。多年来，为了让台农也能够办理林权证，李志

◎龙岩漳平台湾农民创业园

鸿先后向龙岩市政协、福建省林业厅、国台办等多个部门反映，但问题一直悬而未决。

调研组又走访了漳州漳浦台湾农民创业园，当地台农同样对林权问题反映强烈。漳浦蜜原生态农场经理、台胞侯明智指出："拿了林权证，土地还是国家和集体的，我们台农想要的只是和大陆农民一样，能安心地在祖国干活。"

民盟发声，撰写信息反映台农关切

"奔走国是、关注民生"是民盟的光荣传统，而爱国台胞的现实诉求同样是重要的民生问题。出于参政党成员的责任感和使命感，参与调研的盟员涂志耿第一时间撰写了社情民意信息《建议将福建省六个台创园作为台农办理林权证的试点示范区》，并通过民盟厦门市委会报送给厦门市委统战部、厦门市政协、民盟福建省委会。

民盟福建省委会政研室收到信息稿件之后，当即与涂志耿及台创园联系，经多方探讨后，加工整理成信息《台农对停办林权证反映强烈，建议试点办理推动“同等待遇”》，并由专职副主委刘泓牵头，通过民盟中央、省政协、省委统战部的信息渠道反映台农林权问题。

信息上报后，省委统战部方面很快给出反馈：中央统战部《零讯》或将刊发这一信息。这意味着信息有望得到高层领导人的关注，困扰台农多年的问题似乎将迎来重大转机。

一波三折，信息稿件“打回”补充修改

然而，临近刊发之际，信息又被拿下。因为涉台问题较为敏感，上级部门希望能进一步了解政策变动的深层原因，以判断信息内容是否会跟国台办的政策导向存在冲突。

要更深入地了解个中缘由，只能去找主管部门——福建省林业厅。于是，民盟福建省委会政研室马上联系了几位在林业厅工作的盟员。了解到由于机构改革缘故，负责林权登记相关工作的部门已并入省国土资源厅（现自然资源厅），民盟福建省委会政研室又联系了在省国土资源厅工作的盟员林立青。本着对本职工作和参政议政高度负责的态度，林立青主动前往民盟福建省委会政研室了解情况后，立即向单位领导和相关部门同事咨询。与此同时，涂志耿也联系了李志鸿本人，了解更详细的背景资料。

原来，台农林权证停办依据是2011年12月《国家林业局办公室关于办理涉外林权变更登记问题的复函》，复函出台的原因是个别外商在大陆大量囤地，并种植大批速生林，导致当地生态破坏严重。然而，台农们主要从事高优精致农业，长期致力于土壤改良和生态保护，和上述外商的行为有着天壤之别。因为个别外商投机和破坏行为，就“一刀切”地禁止台农办理林权证，显然有失周全。

军营村低碳社区转型之路

华侨大学省政协委员小组

在这几十年中，我见证了家乡军营村的不断发展——从一个“贫困高山村”蝶变为“富美新农村”。以前的军营村，是个发展滞后、环境欠佳的村庄，破烂的小路、杂草丛生的山坡、堆积如山的生活垃圾……这些画面构成了我对它的最早印象。但这片我从小生活的土地，承载了我许多的回忆和情感。这里有我熟悉的乡音、亲切的街坊，无论走到哪里，这片土地始终是我心中的归属。因此，改善军营村的环境、提升家乡的生活品质，成为我心中一份越来越坚定的责任。

作为一名环保工作者，我深知环境治理并非一朝一夕之事。它需要长期的投入、科学的规划，以及全社会的共同参与。在具体的实践中，我和我的团队计划结合现代环保技术与传统生态理念，持续推动家乡的可持续发展。

“山上戴帽，山下开发”的绿色发展之路

军营村，位于厦门市同安区，坐落在山区中罕见的平坦开阔地带。1986年和1997年，习近平同志曾先后两次走进军营村，深入农户访贫问苦，同干部群众共商脱贫致富之路，提出了“山上戴帽，山下开发”的绿色发展理念，为军营村在脱贫攻坚道路上开拓奋进的旅程提供了指引，更为未来的可持续发展奠定了坚实基础。

谨记嘱托，军营村在推动产业发展和经济创收之时，也将环境问题考虑了进来。如厕所革命、农村垃圾治理、污水治理和农房整治等一系列行动，不仅极大地改善了村民的生活质量，还有效减少了对环境的负面影响，增强了村庄发展的可持续性。

旅游产业发展方面，军营村在保留自然风光的同时，将绿色环保理念融入旅游项目中，力求打造一个集生态观光、休闲娱乐于一体的“城市后花园”。严格规范的旅游管理和创新品牌的打造，确保了旅游活动对军营村环境的影响降至最低，形成了良好的“绿色效应”。

从 2021 年开始，军营村计划走低碳社区建设的道路，这主要得益于村庄的组织结构、居民的参与意愿，以及政府的高标准规划。军营村通过组建低碳社区专项小组，形成了一个由村委会、居民和志愿者共同管理的网络。这种多方参与的管理模式确保了低碳措施能够在社区内得到全面落实，同时也使得各方人员的职责更加明确，有效推动了低碳行动的顺利开展。

全局规划，探索低碳发展道路

军营村的低碳社区转型发展，关键在于整体规划、系统改进。项目伊始，我们便深刻认识到，军营村的低碳社区建设不是对已有资源的简单优化，而是需要系统性、全方位地规划。我们从全局出发，结合村庄的地理环境、资源条件以及村民的生活习惯，制定出了一套切实可行的低碳发展路线。

第一步就是推动村庄的基础设施建设。例如，我们提出优化村内的道路网络，打通断头路，形成社区内的自然通风廊道。这样一来，不仅改善了村里的空气流通情况，减少了交通碳排放，弱化了热岛效应，还大大提升了村民的生活质量。

同时，我们还强调，低碳社区建设需要结合实际需求，而非单纯追求技

◎军营村全貌

术上的先进。我们深入研究军营村的实际情况，设计了多样化的低碳解决方案。例如，在推动绿色出行方面，我们不仅鼓励村民步行和骑行，还在村内设立了清晰的指示标志，建设了专用的步行道和自行车绿道。同时，也设立公共交通站点，提高出行效率，降低交通能耗和污染。这些具体措施便利了村民的出行，也让他们在日常生活中潜移默化地增强了环保意识，逐渐形成了绿色出行的良好习惯。

新能源注入新活力

军营村的低碳转型离不开能源结构的转变。我们考察了当地的地形条件和气候特点，为村庄设计了多种清洁能源解决方案。主要的便是村内光伏发电系统的推广。该系统装机容量达到了188.1千瓦，覆盖面积约929平方米。

通过这一项目，军营村预计在未来 25 年内将产生 489 万千瓦时的清洁能源，相当于减少 3846 吨的二氧化碳排放。这样的低碳发展不仅提升了村庄的绿色形象，还为村民提供了经济效益，让村民们通过光伏板发电获得额外的收入补贴。

除了清洁能源，我们还大力推动社区内的节能减排工作。村内更换了传统的高能耗路灯，全面普及了节能型 LED 灯具，并安装了 87 盏太阳能路灯。这些措施不仅降低了村庄的能源消耗，还改善了夜间照明条件，提升了村民的安全感。我们还强调，在未来的规划中，村庄的每一处基础设施都将优先考虑低碳和环保的要求，以确保军营村的长远发展。

传承与开创，历久弥新

我们深信，一个成功的社区不仅要有物质上的进步，还要有精神上的传

◎社区历史文化景观

承。我们主张在社区改造中保留原有的古建筑和传统文化风貌，同时通过现代技术手段进行修复和保护。在我们的推动下，军营村的低碳社区不仅在硬件设施上有了显著提升，还保留了当地丰富的文化资源，凸显了军营村的文化底蕴。

在推动低碳社区的过程中，我们也格外注重生态环境的保护，开展了大规模的植树造林和退耕还林工作，有效提升了村庄的水源涵养能力和生物多样性。这些生态修复措施不仅改善了村庄的自然环境，也为村民创造了更加宜居的生活条件。

共建共享的参与式管理

任何成功的社区转型，都离不开居民的参与和支持。在军营村的低碳社区建设过程中，我们积极倡导"共建共享"的理念，联合村委会、居民和志愿者们建立了一个多方参与的管理网络，确保每一个低碳项目都能落到实处。同时，通过组织培训和讲座，向村民传授低碳生活的知识，帮助他们更好地理解和适应社区的转型。

为了确保低碳社区建设的持续性，我们还推动了青年志愿者培养计划的实施。在我们的带领下，越来越多的村民特别是年轻人参与到社区的低碳建设中，成为绿色发展的推动者和受益者。

低碳发展：一直在路上

军营村的低碳社区建设，既是中国农村绿色发展的一个缩影，也是我们团队科学规划与创新实践的杰出成果。通过我们的努力，军营村不仅实现了从传统农业村落向现代化低碳社区的成功转型，还为全国农村低碳建设提供了宝贵的经验和示范。

在军营村的低碳社区转型过程中，村民们积极践行习近平生态文明思想，将绿色低碳理念融入生产生活的方方面面。村里不仅注重生态建设和污染治理，还通过创新发展旅游、生态农业等产业，探索出了一条绿色发展的康庄大道。

未来，我们计划继续推动军营村的低碳发展，将更多的清洁能源技术、生态农业项目和智能管理系统引入村庄，进一步提升村民的生活质量。我们坚信，通过持续的技术创新和社区共建，军营村的低碳之路将走得更加稳健，也将在未来的绿色发展中占据更加重要的位置。

执笔人：洪俊明、王和团、洪颖乾、张倩

我的鹭岛生态故事

卓传伟

厦门是以优质的生态口碑著称的。2017 年 9 月 3 日，习近平总书记在金砖国家工商论坛开幕式上指出："厦门已经发展成一座高素质的创新创业之城……也是一座高颜值的生态花园之城，人与自然和谐共生。"其中筼筜湖成功从一个臭水湖转型成"城市绿肺"和"城市会客厅"，便充分展示了厦门生态治理的成果和生态文明建设的实践。

"互联网+"让网友声音一起见证筼筜湖蝶变之路

我是 20 世纪 90 年代初到厦门读大学的，刚到厦门的时候便听说过筼筜湖这个"网红地标"，深知它对市民生活的重要性，也曾听闻各界评价的声音。我大学毕业后就进入媒体行业，对于厦门的大小事都愈加关注起来，尤其生态领域的事。根据媒体职业优势特点，我撰写或编选过不少生态方面的新闻，在读者回访过程中也听到不少读者针对厦门生态方面的建议和声音。在从事媒体工作的 28 年中，我也有幸见证了筼筜湖一点点从"丑小鸭"变成"白天鹅"。

后来，在席卷全国的互联网大潮中，我参与创建了新浪厦门。我开始利用这一更大的新媒体平台关注厦门生态故事，也曾主持做过许多这方面的微博话题，比如，持续 6 年承担运营的厦门市委宣传部外宣 IP"厦门情书"，其中重要的一个板块，就是邀请生态专家以及生活在厦门的普通人，为厦门写一封情书，讲述他们眼里绿色厦门的故事，述说这座城市的美好和点滴情感，其中就有不少关于筼筜湖的故事。目前，这个微博话题阅读量达 5.6 亿人次，仍在持续保持网上热议。在这个过程中，我能够不断收集、听取来自各行各业网友的声音，有以从业者的身份给出过的专业建议，也有从居住者的角度提出切实希望改进的方向。生态好不仅仅是口号，更是生活点滴。

另外，我还发起建立了一个“厦门是个好地方”微博话题，聚焦厦门生态环境、风土人情、民俗文化、正能量好人好事……以小见大，凸显厦门的政策好、生态好、风景好、环境好、人情好。目前，这一话题阅读量 6190 万人次，频频登上厦门话题热搜榜，吸引媒体、达人、网友参与互动，为厦门生态环境的提升建言献策。

成为市政协委员之后，我结识了无党派人士界别的委员们，其中彭志伟是厦门市观鸟协会会长。利用彭会长的专业特长，以及我多年来的媒体经历和关注焦点，我们界别将厦门的生态现象作为关注的重点，组织并参与了几场生态调研考察。

2024 年 5 月，我们再次把目光聚焦到筼筜湖。在报请市政协相关领导同意后，我们组织界别委员展开了“以筼筜湖生态文明实践为样本，推进青少年生态主题教育”界别考察及主题座谈会。从前期带领团队探讨选题、实地调研走访相关部门，到活动正式实施，我们前后策划了近一个月的时间。

与以往模式不同的是，我们采取了线上线下相结合的模式收集各方意见建议。线上主要通过在微博、微信以及我们界别自己的网上委员工作室等多种渠道发布网上问卷，面向厦门市民和关心厦门的全国网友，从代表网民意向的每一次互动中集聚智慧。最后，网上问卷调查合计有 4319 人参与，其中微博投票 2952 人、其他问卷调查 1367 人。

同时，这种新颖的线上调研活动也在互联网平台引起市民和网友广泛关注，既展现了筼筜湖的生态治理成果，也展现了政协工作方式的创新。系列

◎“以筼筜湖生态文明实践为样本，推进青少年生态主题教育”界别考察及主题座谈会

话题阅读量合计超过 1000 万人次，其中仅主话题“厦门生态画卷邀您共绘”阅读量就有 400 多万人次，提升了整体线上调研活动的影响力。

在此期间，调研活动还依托网上委员联系点开设的“鹭力同心”云平台《民声留言板》栏目，收集市民和网友对包括筼筜湖在内的厦门生态文明建设以及青少年生态教育方面的具体意见和建议。截至 2024 年 5 月 8 日，栏目收集到有效意见 146 条，内容涉及生态文明建设的方方面面。

有个网友的意见我记忆犹新，作为从内陆城市来厦门旅游的游客，他在刷微博的时候看到了我们的栏目，留言表示：筼筜湖是他见过的最漂亮的城市里的湖泊，作为一名生物老师，他希望能够有机会带领大山里的学生到湖边开展研学活动。我觉得这是非常不错的建议，因此将其作为提案的一部分内容。后来，我结合这个启发代表无党派界别在厦门市政协十四届十六次常委会上以“用好新媒体，讲好‘厦门实践’故事”为题发言。厦门市委书记崔永辉到会听取意见建议并讲话，当日的《厦门日报》还专版刊登了我们的重点发言。

这件事情中，我的一点深刻感受是，网友对于厦门生态的关注度始终高涨不下，我们应该让网友声音成为进一步推动厦门人海和谐生动场景的重要力量。

从杏林湾到健康步道，述说人与自然和谐共生故事

厦门坚持一张蓝图绘到底，以筼筜湖为代表的厦门生态故事，为我们展开了一幅幅高颜值的生态新画卷。不止于筼筜湖，厦门的生态故事还有很多。

杏林湾生态环境整治提升工程，是厦门市委市政府和集美区委区政府高度重视、强力推动的民生工程，也是群众十分关心的事情。2023 年 5 月，在厦门市政协指导下，我们界别开展了“杏林湾整治提升，推进生态保护”考察和协商活动。我们实地考察了杏林湾水域生态岛，了解杏林湾生态修复一期工程进展情况和未来规划。我们界别的委员们从立法规划、溯源截污、生物多样性保护、生态环境保护宣传教育等方面展开交流探讨。“杏林湾生态环境整治是一项系统化工程，开展清淤工程只是其中的一项，职能部门要多管齐下，全力深化河湖治理的‘集美样本’”，大家最后达成了这样一个共识。

同时，我们在线上发起“为了一个更美的杏林湾”微博话题，反响不错。到今天，我们还一直在跟踪杏林湾的水生态、水环境的整治改善工作。

还有一个我印象深刻的故事，就是健康步道。健康步道是厦门生态文明建设的另一张亮眼名片。近年来，景色宜人的健康步道已经成为众多市民休闲锻炼的好去处，更是国内外游客到厦门旅游必打卡的网红景点。我们界别

◎“杏林湾整治提升，推进生态保护”界别考察活动

的彭志伟委员认为，健康步道既是市民的休闲之处，也应该是鸟类等动物的家园。然而现实是，它在为市民带来便利的同时，对周边的鸟类带来了一定的影响，最主要的是体现在光源、噪声对鸟类的生存影响上。这个问题我们商量过后，觉得特别有意义，特别契合作为人与自然和谐共生的一个突出例子去解决。

经过数月的调研走访、实地观察等，我们以界别名义提交了《改善健康步道鸟类生存环境，促进厦门打造人与自然和谐共生的生态文明典范城市》的提案，建议步道光源尽量避免影响鸟类栖息迁徙；做好生态补偿及项目环评，让保护自然与健康步道深度相融；利用健康步道这所天然“教室”，把习近平生态文明思想这堂课讲生动；等等。这个提案最后还获评厦门市政协

2023年度优秀提案。

值得一提的是，在我们收集投稿意见的过程中，甚至还有一名10岁的小朋友给我们留言说："希望步道可以变得五彩斑斓一些，能设置一些游戏项目就更好啦！"这说明我们在做的事情确实是有很多人在关注。无论男女老少，作为厦门生态环境的共享者，政府各司其职、群众各抒己见，我们都在为一个更美好的厦门生态而共同努力。

筼筜湖综合治理是厦门开启"美颜"模式的一场硬仗，由此开始，厦门逐渐明确了"生态立市"的宗旨。生态文明理念深深刻入厦门城市发展的基因。

作为一名厦门市民，我的所见、所得、所思、所想都只是微光，也许都是一些微不足道的小事，但是里面或多或少也折射出了厦门生态建设不断自我革命、主动向好的宏大叙事。秉持着媒体职业特性和政协委员的身份使命，我希望能够最大化发挥所属平台的价值，以笔为器、以媒为刃，尽己所能与难题交锋，助力厦门生态建设事业再上新台阶。

作者系厦门市政协委员、无党派人士界别召集人、新浪（厦门）信息服务有限公司总经理

“岱”你闻啼鸟

——我和提案的那些事

林剑青

作为一名土生土长的连江县东岱镇人，在此之前，我从不知道原来自己的家乡还有这么一块神秘的“候鸟自留地”。一次偶然的机会，我参加了一个由福建省观鸟协会主办的观鸟活动。那是一个春日的早晨，我在专业观鸟人士的引导下，第一次深入东岱镇的云居山脚下，才知那里已然是观鸟者的胜地。耳畔偶尔传来的水鸟鸣叫，如笛声长鸣，清脆入耳。通过望远镜，我见到了罕见的黄胸鹀在枝头轻盈跳跃，它们的羽毛在阳光下泛着金黄色的光泽……

这次观鸟经历，让我对家乡自然环境有了更深的认识和感受。东岱的生态资源丰富，地形多样，从平原到山地，从河流到湿地，每一处都是生命的乐章。然而，随着经济的发展，这些珍贵的自然资源也面临着种种威胁。如何用好自己民主党派界别委员的身份为家乡的生态发展建言献策，在保护与发展之间找到平衡点，成了我深思的问题。

我开始积极查阅资料，并找相关政府部门、环保组织和观鸟协会交流、探讨，力争能在县两会上提交一份既能保护自然资源又能促进地方经济发展的提案。

“岱”你闻啼鸟从这里开始……

◎清晨鹭语（吴克斌　摄）

收集数据证其利

在那次初春的观鸟之行之后，我心头萦绕的不仅是鸟鸣和清晨的雾气，更有一种强烈的使命感——要为连江县的生态文明建设做些什么。那些珍稀的鸟类，像是一把把钥匙，开启了我探索生态和经济共同发展的大门。

首先，开始收集数据来量化观鸟活动对东岱镇的具体影响。通过福建省观鸟协会提供的资料，我了解到东岱镇每年都吸引了大量省内外的观鸟爱好者前来观鸟。这些观鸟活动不仅使得当地民宿和餐饮业收入显著提升，还间接推动了当地文化手工艺品的销售。特别是在观鸟高峰期，小镇的旅游收入比平时增加了约 30%。我将这些数据整理成报告，为我的提案增添了说服力。

接着，通过与连江县林业局的座谈，我了解到我们县已详细记录了观鸟区域内的各类鸟种，特别是国家一级和二级保护鸟类的活动情况。从数据不难看出，东岱镇的自然环境为这些鸟类提供了良好的栖息地，但也暴露出了一些问题，比如栖息地被破坏的现象时有发生、产业链单一、专业人员紧缺等。

有了初步的数据支持之后，我开始深入分析当前县域对观鸟活动的管理模式，思考如何通过政府政策引导，保护好鸟类的栖息环境，为长远的生态旅游发展奠定基础。

构思提案应挑战

将初步构思具体化为一份成熟的提案，过程中的每一步都充满了挑战和新的发现。在撰写提案的过程中，我遇到的第一个挑战来自如何将收集到的观鸟数据与经济效益有效结合，清晰地展示观鸟活动对地方的积极影响。我与当地旅游局和林业局的专家进行了多次交流，详细讨论如何通过观鸟促进生态旅游发展，并逐一解决数据分析中的技术问题。通过对比研究和模型建立，我们成功地将观鸟活动的生态价值与经济收益进行了量化，同时还列举了观鸟活动在其他地区成功带动当地经济发展的实例。

从数据收集到方案设计，再到文案撰写，反复修改后，我终于在 2022 年 11 月 26 日以农工党界别委员的身份在数字福建政协云平台提交了《关于践行生态理念，大力发展观鸟产业的建议》提案。我期待着这份提案能够得到政协的认可和支持，进而转化为具体的政策和行动，真正在东岱镇落地生根。结果如我所愿，该提案得到连江县政协的高度重视，被列为重点提案进行督办。

我对提案能够带来的改变充满期待：期待东岱镇能够在保护自然的同时，也能让更多的人享受到生态旅游的美好；期待这片被大自然眷顾的地方，能够在生态与经济的双重效益中找到平衡，走向可持续发展的未来。

生态共生展宏图

在县政协用心督办下，东岱镇山堂村观鸟基地的变化，如同春风化雨般悄然而至。我有幸见证了东岱镇在社区与自然共生方面的重大进步。

首先是湿地保护工程的启动。环保局和水利局合作，对主要的观鸟湿地进行了生态恢复和保护设施的建设。这些工程包括植被恢复、水质净化以及观鸟路径的改善，确保观鸟活动的可持续进行。其次是在敖江入海口的湿地边新建了几处观鸟站，并在这些站点周围种植了本地植物，旨在为鸟类提供更多的栖息地。这些改动很快显示出成效。曾经因环境退化而稀少的鸟类如黄胸鹀和黑脸琵鹭重返这片区域。春季，彩色的鹬类在湿地跳跃；秋季，成群的候鸟在此短暂停留，补给能量后继续它们的迁徙。

随着生态环境的改变，东岱镇首届观鸟比赛也水到渠成，活动邀请省内外的多支观鸟团队参与。这场比赛不仅提升了东岱镇的知名度，也进一步激发了辖区群众对自然保护的热情。比赛中发现的稀有鸟种让参与者和观众都感到惊喜，社交媒体上的积极反响也让我们连江县的观鸟旅游活动受到前所未有的关注。观鸟站成了摄影师和自然爱好者的新热点，周末时分，总能看到父母带着孩子们来到这里，用望远镜探寻那些稀奇的飞羽朋友。

这一切变化，对当地居民来说，意味着什么？

我曾与当地一位陈姓村民聊天，他在山堂村委会附近开了一家小餐馆。他说：“以前这里冷清极了，现在每到周末，观鸟的人就多起来，他们常来我这儿小坐，品尝一些本地的特色小吃。”陈先生的笑容中透露出对生活的新希望和满足。

观鸟爱好者们对这些变化也反响热烈。一位经常来东岱观鸟的李女士告诉我：“东岱现在是我们最喜欢的观鸟地之一。这里不仅风景美，鸟类多样，

◎观鸟爱好者在观鸟基地观鸟

◎青少年在观鸟基地参观

而且当地人非常热情。看到他们也能从我们的活动中获益，感觉我们的爱好更有意义了。”

随着时间的推移，更多的生态旅游项目逐步在东岱镇展开。比如，团县委与观鸟协会合作开发的生态教育课程，吸引了不少学校组织学生来此进行现场学习。这些活动不仅教会孩子们如何观察自然，更重要的是教会他们如何尊重和保护自然。持续举办的各类公众活动，如观鸟节、生态摄影比赛等，进一步增强了辖区群众对生态保护的参与感和责任感。同时，连江县委县政府也积极为把东岱镇山堂村观鸟基地打造成为一个国内乃至国际知名的生态旅游目的地而努力。

下一阶段，我们还将继续探索更多可持续利用自然资源的方式，比如发展生态农业，鼓励农民采用环保的耕作方法，减少对化肥和农药的依赖。此外，还希望能通过科技的力量，例如使用无人机和人工智能技术，来监测生

◎山堂村鸟群和谐共舞（王军　摄）

态环境变化和野生动物的活动，确保我们的干预措施既科学又有效。未来的道路还很长，挑战和机遇并存，但我坚信，只要坚持生态文明的理念，不断探索与自然和谐共处的方法，我们就能为子孙后代留下一片繁荣昌盛的绿色家园。通过持续地努力和不懈地追求，我们不仅能保护东岱镇美丽的自然风光，更能在全球生态保护的舞台上，为我们的地球母亲贡献一份力量。

“岱”你闻啼鸟，从一份提案开始，但这也只是一个开始……我们坚信，只要我们心怀自然、尊重自然，自然就会以它那无穷的宝藏回馈我们。

作者系连江县政协常委、农工党连江县城关教育支部副主任、连江县教师进修学校第二附属园园长

出谋献策，打败滨海湿地“超级入侵者”

——《关于根治我省沿海互花米草修复海域生态的建议》的提案故事

许勇铁

一封盟员来信

2021年5月，南平一位长期从事农林高新技术与植物化学调控技术研究开发的盟员致信台盟福建省委会。在信中，他大致介绍了互花米草在福建沿海的分布情况和危害，表达了参与治理互花米草、保护沿海生态环境的意愿和决心。这是我第一次听说它的名字——互花米草。随后，我便查阅了互花米草在我国的分布情况、主要危害以及沿海部分省市对其防治的基本情况。

互花米草原产自北美大西洋沿岸，属多年生草本植物，曾是“护滩小能手”，最高可长到两米，且根系发达，极易在河口、入海口区域繁殖。20世纪70年代末，福建出于防浪护堤等需要，引种互花米草。由于其根系发达、超强快速繁殖传播、抢占滩涂，现已形成单一茂密的大面积互花米草荒滩，且极易侵占航道，淤塞港口，影响船只出入，给海上渔业、运输业带来不便。此外，互花米草的恶性繁殖还会阻滞海水交换，导致水质恶化，诱发赤潮；侵占芦苇、红树林等乡土植物的“地盘”，破坏底栖生物、鱼类和鸟类的栖息环境，改变沿海滩涂生态系统结构，导致滨海湿地生态系统退化、生物多样性降低；其发达的地下根系还会造成滩涂土壤板结，破坏潮间带泥质滩涂水生生物栖息环境，影响渔业养殖业发展等。

初步统计，福建互花米草侵害面积近 14 万亩。经过多年的人工种植和自然扩散，互花米草已遍及福建沿海滩涂，其规模远大于国内其他地区，分布范围北起宁德福鼎，南达漳州云霄，覆盖了福建全部沿海市、县，而且还在以每年 10% 的速度扩展。其对福建的近海生态环境的危害持续性存在，已成为福建滨海湿地生态与环境面临的重大挑战。

一件“除草”提案

为了取得第一手资料，我先后到福州福清城头镇的福清湾、连江马鼻镇浮曦村和宁德蕉城鳌江村的三都湾湿地、霞浦长春镇武曲村附近海域，向当地相关部门、群众了解互花米草的侵占、危害和整治情况。许多渔民表示，原来适合滩涂养殖的湿地，被互花米草入侵后，湿地板结严重，养殖户只能另觅出路。

由于互花米草在福建分布点多面广、治理方法标准不统一、生态治理成本高、整治难度大且容易复生等，其治理工作一直进展不大，根治工作更是难上加难。为破解这一难题，我先后请教了厦门大学环境与生态学院、福建省野生动植物与湿地资源监测中心、福建省林业科学研究院的专家以及相关职能部门的干部。他们建议对互花米草采取早发现、早清除的治理措施，长期开展跟踪监测，统筹科研力量加以防控。

经过深入调研和严谨论证，在借鉴山东、上海等省市的先进防治经验基础上，我结合福建省的实际情况，提出了根治互花米草的几项建议，包括：

第一，组建全省互花米草入侵监测网络。通过建立完善的监测体系，及时掌握互花米草的分布、扩散和危害情况，为科学治理提供数据支持。

第二，统筹科研资源力量。整合省内外的科研机构和专家资源，共同开展互花米草的防治研究，探索更加科学、高效的治理方法。

第三，对重点生态区优先治理。针对互花米草危害严重的区域，应优先投入资源进行治理，确保重点生态区的生态安全。

第四，加大生态治理的资金保障。通过政府投入、社会筹资等多种渠道筹集资金，确保治理工作的顺利进行。

在省政协十二届五次会议期间，我把《关于根治我省沿海互花米草修复海域生态的建议》通过委员提案的方式报送给省政协，呼吁相关部门重视起来，对福建滨海的互花米草开展统一整治行动，进一步改善海湾生态环境，提高人民群众临海亲海的获得感和幸福感，建设海洋强省。

提案一经提交，便由省政协立案并交由省林业厅等单位办理，得到省政府和相关部门的高度重视。省林业厅湿地中心作为办理单位，复电表示他们将会认真研究吸纳提案的相关建议内容，开展全省性的统一整治行动。

一场攻坚行动

2022 年 9 月，福建省政府常务会议研究并通过了《福建省互花米草除治攻坚行动方案》，明确了“一年明显见效、二年基本除治、三年完成修复、长期加强管护”的总体目标和“全民动员、方法对路、科学除治、后期管护、生态提升”的工作要求。全省互花米草除治攻坚行动动员部署视频会在福州召开。

行动方案坚持“属地为主、生态优先、系统治理、防治统筹、精准施策”的原则，对全省现有互花米草的除治、修复、提升及后期管护进行统筹安排，分区域、分年度开展除治攻坚行动。特别是方案提到的许多除治互花米草的措施，如“实行区域协同联动除治、重点湾区一体化除治”“制定除治攻坚行动实施措施和路线图，将辖区内互花米草现状图斑落地上图，建立互花米草除治斑块清单”“开展互花米草动态监测……完善全省互花米草信息数据库，建立信息共享和增量风险预警机制”等，与我的提案内容基本一致。看到自己提出的意见建议被吸纳，我深受鼓舞。

虽然省林业厅的提案办理复文早就交到我的手上，对复文内容和后续办理工作，我也十分满意。但互花米草整治成效如何、整治后滩涂生态如何修复、长期管护机制如何构建、福建沿海生态旅游经济如何发展等一系列问题，却还是萦绕在我脑中。2022 年 10 月，提案办理单位省林业厅湿地中心

◎ 2022 年 10 月，笔者在罗源县调研互花米草除治攻坚工作

负责同志得知我的困惑，便热心牵线搭桥。在他的帮助下，我带着问题再次走进罗源湾。

口小腹大的罗源湾水静流深，公路沿着海岸线铺开，放眼望去，一片郁郁葱葱，候鸟不时从芦苇丛中腾空而起。据罗源县林业局相关负责人介绍，截至目前，罗源县利用非候鸟迁飞季节快速推进互花米草治理，累计除治面积达 1810 亩，基本完成 2022 年福州市下达的除治任务。此外，松山镇、碧里乡已种植红树林、短叶茳芏、海三棱藨草等乡土植被 800 亩，剩余 75 亩种植任务年底前将完成。经过全省对互花米草的除治攻坚，福建滨海湿地生物多样性和生态系统安全已逐渐恢复，“水清、岸绿、滩净、湾美”的八闽海岸线已重现眼前。

一个履职思考

调研结束后，我对除治成效信心十足，持续关注各地除治互花米草的进展情况。据了解，截至 2022 年底，全省累计除治互花米草面积达 105858 亩，占年度任务的 120.83%，占总除治任务的 77.48%。其中，莆田市、厦门市、漳州市、泉州市已全部完成除治任务，宁德市、福州市已超额完成年度除治任务。互花米草这个“超级入侵者”终于走上覆亡之路。此次全省性的除治攻坚，不仅为福建省的滨海湿地生态安全提供了有力保障，也为全国其他地区的外来入侵物种治理提供了有益借鉴。

作为一名政协委员，我感觉肩上的责任更加重了，因为我深知，虽然除治互花米草攻坚已基本胜利，但生态文明建设是一项长期性的系统工程，特别是互花米草的生态治理需要进一步借鉴兄弟省市的先进防治经验，互花米草的治理标准化程度还要进一步提高，治理区域功能修复需要更加精准等。这些内容已成为我调查研究、履职尽责的新方向。

行百里者半九十，在今后的履职实践中，唯有继续保持学习之心，坚持人民至上，踔厉奋发、笃行不怠，扎实调研、务实献策，为“生态省”建设多作贡献，才能不负韶华，不负政协委员的光荣称号。也期待与更多的有志之士携手共进，共同为福建乃至全国的生态文明建设谱写新的篇章。

作者系福建省政协常委、副秘书长、港澳侨台和外事委员会副主任，台盟福建省委会专职副主委

机制砂是怎么推广起来的？

吕孟静

一

我从小就在水电站工地长大，喜欢与小伙伴们在河滩上玩各种游戏，如踢球、打水漂、抓小虾、游泳等。

然而，不知道从什么时候起，我们曾经熟悉的河滩不见了。

那么河滩去哪里了？两个地方，一个是成为农田，一个是成为楼房。

改河造地，把河滩变成了农田果园；基本建设，把河滩的沙子筑成了高楼大厦。

人类自从发明了混凝土，河滩上的沙子就成了混凝土中必不可少的原材料。过去，生产规模不大，天然沙少量使用，通过洪水还会进行一定程度的补充。

然而，随着基本建设的高速发展，高楼大厦、道路交通等等，一切用到混凝土的地方都需要沙子。于是，千万年来形成的河滩大量被挖空了。

如何保护这种“稀缺”资源，解决生存和发展的问题？

发展“人工砂”。

什么是“人工砂”？“人工砂”又称机制砂，是将天然石通过制砂机加工而成的砂。机制砂的原材料非常常见，矿石、石料、石灰石、河卵石、石英石、花岗岩、玄武岩等等诸多材料都可以作为机制砂的原材料。建筑垃圾、尾矿等废料也是机制砂的良好原材料。三峡水电站、棉花滩水电站的建造都是用机制砂。

然而，在机制砂的推广和运用当中，存在利益上的博弈。毕竟机制砂成本比天然沙高。

这就有了机制砂推广难、盗采盗挖河沙现象大量发生、机制砂市场难发展的局面。

二

2019 年 10 月，福建省政协人资环委了解到这种情况后，提交了提案《关于加强我省机制砂推广应用的建议》。

提案认为，推广使用机制砂对于保护福建省有限的河沙资源，保护生态环境，保障防洪、航运和桥梁使用安全，解决建设工程用沙问题具有重要意义，但福建省的机制砂推广使用仍存在一些困难。

提案建议：各级各有关部门应增强对机制砂的认识，出台扶持政策，促进机制砂等绿色建材产业健康发展；根据各地建设规模需要，统一规划相配套的机制砂矿区选址，建立省内机制砂矿区资源共享平台；加强监督管理，规范市场秩序，通过巡查、抽查、抽测等各种手段不断提升机制砂产品质量；广泛宣传推广使用机制砂的重要意义，推广典型经验，带动机制砂产业发展。

作为提案的参与者，我深有感触。

其实，之前有关厅局也出台过相关的政策，但缺乏政策的有效落实，缺乏有关部门的联动，缺乏相应政策配套。

省政协人资环委在省政协副主席张兆民的带领下，对省内机制砂企业进行调研，邀请他们参加座谈会，谈感想，得到了第一手资料。

◎福建省政协人资环委到贵州调研机制砂

◎福建省政协人资环委调研中

原建设厅厅长、省政协人资环委原副主任龚友群利用其丰富经验，协调有关部门共同探讨，收到了很好的效果。

课题组专门到贵州省参观学习，了解机制砂发展中的好做法。贵州省全面推行净矿出让、金融扶持和加强用地保障，引导和支持机制砂行业的发展，并且推出了独特的机制砂生产工艺。这种工艺大幅降低了制造成本，并推动形成新的行业标准。

课题组还到安徽池州参观了中国最大的“长久”砂石骨料生产基地，对基地的规模庞大与安全环保留下了深刻的印象。

课题组回来后立即组织有关单位研讨相关措施，几经打磨，终于完成了一篇沉甸甸的调研报告。

接着，有省政府领导参加的“持续推动机制砂产业发展”专题会召开了。

大家达成了共识，推广机制砂就是保护环境，就是保护福建河流、海洋环境和天然沙资源的具体举措，是解决福建建筑用沙市场供求矛盾的迫切需要。必须立即行动，让机制砂健康发展。

省住建厅等八部门联合制定了《福建省保障建设用砂规范发展指导意见》。省住建厅和自然资源厅在全省范围内选取56个拟设置机制砂矿山，并且就机制砂、河沙、海沙的供应及规划、开采等各环节的规范化管理制定行动指南。

省水利厅、海洋与渔业局分别牵头出台了打击河道、海域非法采沙行为公告。

省工业和信息化厅出台扶持机制砂生产应用政策，规范生产标准，推动用沙市场规范有序运作。

各地也不断出台关于禁止开采河沙的相关法规，许多地区甚至是直接禁止开采河沙了。

一场声势浩大的机制砂推广工作开展起来了。

福建省自然资源厅还发布了《福建省矿产资源总体规划(2021—2025年)》,鼓励机制砂的高质量发展和推广应用。

三

2022年10月,我利用参加福建省生态环保督察工作的机会,调研了机制砂的生产情况,发现福建省机制砂产业已经取得了显著的成效。

全省河道非法采沙乱象已得到基本遏制,海域违法采沙现象得到有效遏制。

机制砂产业已经形成了一定的规模效应,从之前的产能每年不到2000万吨增加到了7000万吨,成为推动地方经济发展的重要力量。

从推广机制砂的过程中,我深切地感到格局大了事就小了。

我当省政协委员的5年,深切地感受到政协政治协商、民主监督、参政议政的职能,对促进社会的和谐发展起到了重要的作用。

机制砂的发展就是一个典型案例,它是一件好事,有利于生态环境的保护,有利于子孙后代。

作者系福建省政协人口资源环境委员会原副主任

习近平同志在全省环保大会上提出把福建建设成为生态效益型经济发达、城乡人居环境优美舒适、自然资源永续利用、生态环境全面优化、人与自然和谐相处的经济繁荣、山川秀美、生态文明的可持续发展省份。为了将美好愿景变为现实，致公党厦门市委会20余年来持续关注生态文明建设、低碳城市发展、清洁生产、大气及水环境污染防治等主题，通过全国、省、市政协提案和人大议案建言，推动福建生态省建设立法进程。时间是检验真理的试金石，2018年9月30日，福建省第十三届人大常委会第六次会议审议通过了《福建省生态文明建设促进条例》，“绿水青山就是金山银山”首次被写入福建省地方性法规中。2020年9月，国家主席习近平在第七十五届联合国大会上代表中国人民郑重承诺：中国将提高国家自主贡献力度，采取更加有力的政策和措施，二氧化碳排放力争于2030年前达到峰值，努力争取2060年前实现碳中和。海洋作为全球最大的生态系统，是重要的碳储备库，保护并发展蓝碳生态系统、大力发展海洋可再生能源是减少碳排放的有效策略。致公党厦门市委会扎根深蓝，前瞻探索，在研究海洋生态系统中痕量元素与浮游植物生理生态过程相互作用等重大前沿科学问题的同时，通过省、市政协平台，提出“打造海洋科技创新生态”“推动海洋碳汇生态产业高质量发展”等一系列真知灼见，为经略海洋、加快海洋科技创新步伐、促进“双碳”目标实现发出了致公声音。

2023年9月，中共中央、国务院发布了《关于支持福建探索海峡两岸融合发展新路　建设两岸融合发展示范区的意见》。为践行“两岸一家亲”理念，致公党厦门市委会开展“百人植百树”的绿色行动，两岸同胞同育苗、共培青，通过“植此青绿”，共建厦门“致公林”，让两岸融合发展在生态保护中有了共同的目标与期许。厦门与金门隔海相望，两地在生态环境保护融合发展方面具有较好的基础条件，致公党厦门市委会着力推进“厦门与金门加快融合发展”，提案建言“建设厦金生态产品价值实现共同标准”，为实现两岸生态产品价值转化互通奠定基础，让两岸人民共享绿色发展成效有了清晰的实践路径。

有事多商量、遇事多商量、做事多商量。生态文明建设是关系中华民族永续发展的根本大计，是关系民生福祉的重大社会问题，更需要集众智、汇群力，众人的事情由众人商量，找到全社会意愿和要求的最大公约数。

为打通联系群众的“最后一公里”，更及时有效汇聚基层民意，2020 年 6 月，致公党厦门市委会开始探索在厦门市全域布局建设政协致公党界别委员联络站立体履职网络。历时 3 年，委员联络站 1 个主站和生态环保、海洋经济、台海交流、参政议政等 8 个特色分站全面建成。以委员联络站为载体，基层协商中体现的社情民意源源不断地进入政协协商和政党协商的视野。在推动生态文明建设的履职实践中，委员联络站发挥政协委员和致公党党员“1+1”主体作用，将“落实‘河湖长制’，提升水环境质量”“加强源头清洁生产审核”“加强低碳社区建设，提高城市功能品质”“加强生态文明宣传教育”等人民群众对生态文明建设的需求和建议，通过政协提案、社情民

◎ 2023 年 3 月，百余名致公党党员与在厦门的台湾青年共同前往同安野山谷，开展“百人植百树，共植同心林”活动

◎ 2022 年 6 月，致公党厦门市委会领导为政协致公党界别委员联络站海洋经济分站揭牌

意信息等形式及时反映给党委政府，形成一大批“取之于民、惠之于民”的履职成果。致公党厦门市委会将继续团结带领厦门市广大致公党党员，牢记习近平总书记嘱托，继续以高水平建言助推生态文明建设高质量发展，在鹭岛新画卷中争当绘就生态保护画卷的作画人，共享优美生态环境的赏画人，彰显人与自然和谐共生的画中人，继续为白鹭起舞、鼓浪潮涌、清新的蓝、怡人的绿贡献力量。

执笔人：蔡莹

齐心协力，共同做好厦门市垃圾分类工作

丘　岱

厦门，这座美丽的海滨城市，以其独特的风景和宜人的气候成为全国知名的宜居城市。然而，随着城市的发展，垃圾问题也日益凸显。垃圾分类是实现垃圾减量化、资源化和无害化处理的重要手段。通过分类，可以有效减少垃圾处理量，降低处理成本，减少土地资源的消耗，保护生态环境。同时，垃圾分类还可以促进资源的回收利用，减少资源浪费，推动可持续发展。厦门自2016年开展生活垃圾分类工作以来，从顶层设计、立法管理、宣传教育、分类体系建设等方面入手，通过强化措施、重点突破，建立起垃圾分类长效机制，已基本形成垃圾分类标准体系，基本确立法规制度体系，基本完善垃圾处理设施体系，全面形成规范化、常态化的垃圾分类工作，锻造出可复制、可推广的垃圾分类厦门模式。

2018年，厦门市政协开展了“推进垃圾分类减量工作”民主监督性的主席会议协商议政，对全市的垃圾分类减量工作开展民主监督。市政协提出了8个民主监督方向，成立了思明区监督组、湖里区监督组、源头减量组、垃圾回收及资源化利用组等8个民主监督组，共有10个单位参加。按市政协要求和相关分工，台盟界别负责小区分类组的相关民主监督工作。我作为台盟厦门市委会机关的工作人员，也参与到这项任务中。

开展民主监督

台盟界别民主监督小组于 2018 年 6 月 21 日召开会议，在听取了市市政园林局垃圾分类工作有关负责人的情况介绍和相关建议后，经研究讨论，决定在岛内思明和湖里两区各选择两个社区，组织全体小组成员开展视察监督，同时由小组成员自行选择一到两个社区进行暗访，并以表格和照片等形式记录所存在的问题。在开展视察监督时，重视与各区垃分办联系，通过垃圾分类主管部门协助安排视察监督等事宜，并及时将监督情况进行反馈。暗访小区选择方面，思明和湖里两个区都有所分布。之后，台盟界别民主监督

◎台盟界别委员走访翔鹭社区，就垃圾分类工作开展民主监督

小组就选择的小区开展明察暗访。首轮明察暗访结束后，形成了中期评估报告，在市政协召开的中期评估会上提交。视察监督当中发现的问题，我们通过市政协反馈给相关部门，并在监督过程中，及时向一线人员反映，共同推进垃圾分类减量工作的完善。中期评估之后，台盟界别民主监督小组于 7 月中旬开展了“回头看”，针对之前发现的问题再次回访，并以照片方式进行对比，在此基础上形成报告。此外，7 月 26 日下午，刘奇光副组长应邀出席思明区政协召开的《提升思明区垃圾分类工作水平的建议》重点提案办理协商主席会议，并在会上发言，对提升思明区垃圾分类工作水平提出建议。在这个过程中，我积极参与，做好联络和后勤服务。

民主监督成效

通过民主监督和实地走访，台盟界别小组发现明察的 4 个小区垃圾分类工作都开展得比较好，也各有特色。各小区积极推进垃圾分类工作，根据自

◎厦门市湖里区江头社区新景天湖广场收运员正在分类运送垃圾

身情况采用引入第三方专业机构、聘用督导员、入户宣导、制定奖惩机制等方式，有效增强居民垃圾分类意识，提高其参与率。如信隆城小区采用大数据实时监控方式，做到居民生活垃圾可溯源。第三方公司益趣科技以智能化和互联网结合的模式入驻小区，协助开展垃圾分类的督导工作，成效明显。翔鹭花城的特色是设立了厨余垃圾处理及发酵的场所，形成酵素和花肥等，实现资源的回收利用。各小区组建垃圾分类志愿者队伍，已有 80 多人参与，督导员对垃圾分类督导工作较为负责，对做得不够好的住户还多次上门督导。自然家园和新景天湖广场两个小区也基本实现垃圾分类宣传到位、督导到位、设施到位，并充分发挥社区党员先锋模范作用，充分发动社区居民参与，形成“党员带头、社工督导、志愿者积极参与”的良好氛围。同时，各小区附近的小学，都开展了“小手拉大手”活动，对学生开展垃圾分类宣传，通过孩子影响家长，正确做好垃圾分类，还通过盖章形式提高孩子的参与率，效果很好。

而委员暗访方面，台盟界别小组一共安排委员暗访 13 个小区。通过暗访发现，暗访小区相对明察小区而言，存在问题较多，主要有以下几方面：

一是暗访小区的分类准确率低，比起明察的 4 个小区，分类准确度更低，往往需要二次分拣。

二是大部分垃圾投放点没有配套设置洗手池，居民洗手及保洁员清洗垃圾桶很不方便。

三是可回收物品没有及时清运及存在分类不准确的现象。

四是有的小区垃圾桶设置数量不够，垃圾桶品类配备也不合适，导致有居民把垃圾放在地上，甚至有社区居民把垃圾放在楼道口。

五是有的垃圾投放点的卫生和环境状况不佳。

通过明察暗访和反馈之后，委员们在“回头看”时，大部分反映的问题都有所改善，民主监督收到很好的效果。有的社区增设了洗手池，有的社区增设了宣传栏，督导员加强了对垃圾分类的督导，总体垃圾分类准确率有一定提高，垃圾投放点附近的环境卫生也有一定程度的改善。如吕厝社区，下发有关通知，完善硬件设施，增设洗手池，鼓励和引导居民做好垃圾分类，开展台商会馆无垃圾桶定时定点投放收运示范点建设，效果明显。但是，台盟界别委员也发现，仍存在个别小区改善情况不明显、垃圾分类仍不到位、大件垃圾没有及时清运、环保屋建设还有待加强等问题，委员们通过前后照片对比进行了反映。

提出改进建议

在民主监督过程中，台盟界别齐心协力，边发现问题边提交相关部门推动整改，为厦门市的垃圾分类减量工作取得实效发光发热，同时也汇聚委员众智，提出了很多很好的建议。

第一，进一步加大政府重视力度，完善区—街道—社区三级管理，进一步明确各层级的职责范围，对社区倾斜更多资源，从人员和财力上加大支持力度。

第二，充分发挥物业公司参与垃圾分类工作的积极性。对于有的社区以第三方公司入驻开展垃圾分类督导，物业配合并不积极，在第三方聘请的督导员和物业聘请的保洁员之间存在着职责交叉的问题，建议统筹好社区和物业及第三方公司三者在垃圾分类工作方面的关系，形成合力。

第三，充分发挥居民的自主性，从源头提升垃圾分类的准确率。目前，生活垃圾分类的后端处理和中端转运体系已建立起来，前端垃圾分类准确率的提升就显得更为必要。要积极发挥党员先锋模范作用和志愿者带头作用，不断增强社区居民的法治意识和社会公德心，解决垃圾分类的源头问题。

第四，逐步扩大生活垃圾分类减量工作覆盖面，对商务楼宇、商业区等非居民生活小区，要逐步开展相关宣传工作，推进高层撤桶、定时定点分类投放。

◎居民在参观垃圾分类减量工作的趣味科普

第五，因地制宜，完善相关设施。垃圾投放集中点旁边设置洗手池是方便居民垃圾分类投放的好做法，委员建议能在全市小区进行推广。此外，环保屋的夜间照明也应与路灯同步，方便居民扔垃圾。建议有更多小区因地制宜设置厨余垃圾堆肥或发酵处理设施，对厨余垃圾进行回收处理。通过设施的完善，让社区居民有更大的获得感，有利于进一步加强居民对垃圾分类工作的支持。

台盟界别参与市政协“推进垃圾分类减量工作”民主监督性的协商议政，体现了界别委员的主动性。在此过程中，我作为台盟厦门市委会机关的工作人员，参与其中，与有荣焉。

作者系台盟厦门市委会宣调处二级调研员

【护航】

以法治之力呵护武夷生态之美

乐 芳

2019 年底，我结束了巡回法庭的工作，被任命为南平市中级人民法院生态环境审判庭（以下简称“南平中院生态庭”）庭长，开始接触与生态环境审判相关的工作。我接触到的第一个生态领域的案件就是被告人伍某华、伍某威等 15 人犯盗伐林木、滥伐林木、故意毁坏财物、妨害做证、强迫交易等罪一案。该案是福建省首例涉生态领域农村恶势力团伙案件，当时这个案件正在审理中。因案情疑难复杂，社会关注度高，出于审慎的角度，我带队到省高院汇报工作。

2003—2018 年，伍某华在武夷山市上梅乡茶景村、里江村、岭山村一带从事木材生意和包揽工程期间，纠集多人，形成垄断林业资源、称霸乡村山场、扰乱市场秩序的恶势力犯罪团伙。

为了“毁林种茶”以谋取经济利益，该团伙成员多次结伙实施盗伐林木、滥伐林木等一系列犯罪行为，共计盗伐林木 117.07 立方米、滥伐林木 2541.39 立方米、故意毁坏林木 256.04 立方米，并强迫中标人以低于承包价转让山场采伐经营权，指使人员作假证，导致公安机关错误地对他人立案侦查等，严重破坏当地的社会管理秩序和市场经济秩序。

伍某华还借助茶景村村民委员会主任的身份，利用家族势力，采取殴打他人、报复举报人、非法运输林木、串通投标等手段经营山场、承包工程，涉及 13 起行政违法案件。团伙成员伍某威还在团伙外分别伙同伍某春等人盗伐林木 115.56 立方米、滥伐林木 37.05 立方米、故意毁坏林木 12.75 立方米。

最终，伍某华被判处有期徒刑 20 年，并处罚金 25 万元；其他 8 名恶势力团伙成员分别被判有期徒刑 2 年至 10 年不等，并处罚金。在当时，这个案件引起了不小的轰动，这样高的刑期，在生态环境类案件中并不多见。

了解案情后，我惊讶于该案犯罪团伙的犯罪行为持续时间之长、破坏森林资源数量之大。在武夷山，“毁林种茶”时有发生。究其根本，武夷茶数百年来一直享誉中外，受到经济利益的诱惑和驱使，不少人铤而走险。更有甚者，故意砍伐自家的林木，将化学药物注入树体内，让林木缓慢死亡，伪装出一副自然死亡的样子。茶农非法采伐林木、非法占用林地用于扩种茶树屡禁不止，破坏了武夷山国家公园的森林资源与自然生态环境。仅 2018 年，

◎光泽县人民法院盗挖小叶赤楠刑案审理现场（南平中院　供图）

南平便集中宣判了25起“毁林种茶”案件。

不仅如此，我在翻阅基层法院提交上来的案例时发现，多有发生当地村民上山采草药用于治疗疾病，却不慎采摘了国家重点保护植物的现象。2022年1月3日上午，被告人滕某飞出于食用目的，进入国家公园核心区，在岩石上采摘金线兰、草珊瑚等草药，被执法人员现场查获。2024年，光泽县人民法院审理的一起盗窃刑事案件，6名被告人及其亲属在法院作出判决后，说：“我们不知道挖小叶赤楠树也会构成犯罪。”

因此，我觉得在当地村镇普及国家重点保护动植物知识是当务之急。于是，南平中院牵头，与武夷山国家公园相关的4家法院开启了一系列的普法活动和机制创新。

武夷山国家公园位于闽赣交界的武夷山脉北段，是地球同纬度地区保护最好、物种最丰富的生态系统，拥有2527种植物物种、近5000种野生动物；

◎武夷山国家公园（邱汝泉　摄）

是中国唯一一个既是世界生物圈保护区，又是世界文化与自然双遗产的保护地。在生物如此多样的武夷山，生态法治宣传就显得尤为重要。

武夷山市人民法院推出一系列创新举措：在线下，创新“我和百姓聊聊法”活动，让村民在家门口就能享受法律服务；组织以“谁执法谁普法责任单位”为主体的生态法治宣传教育队伍进村入户，以“法律六进”等形式，常态化开展生态法治宣传教育；委派资深法官担任全市各中小学生态法治副校长，将生态法治宣传作为重要履职内容；创造性在景区门票上刊登生态保护法治宣传内容，让游客“流量”将生态保护理念传到“四面八方”。在线上，开发“武夷法治·云课堂”、《朱子爷爷普法小课堂》普法动漫等普惠性公共法律服务产品，不断引导扩大公众参与，使群众接受生态法治教育在日常、在平常，增强生态环境保护的内生动力。

2019 年 3 月至 2020 年 1 月，被告人李某明等 7 人为了养鸟，在未办理狩猎证的情况下，使用捕鸟网等工具到建阳区猎捕画眉鸟 32 只，鉴定价值均为 1000 元 / 只。为此，建阳区人民检察院以非法狩猎罪向建阳区人民法院提起公诉，并提起环境损害刑事附带民事公益诉讼，诉请 7 名被告人公开向社会道歉。

我们深刻意识到，我们做的一系列普法宣传活动，还远远不够。我们需要充分利用“六五环境日”“全国生态日”“爱鸟周”等重要时间节点，强化以案释法，充分发挥生态环境司法的社会指引、评价、教育作用，倡导生态环境保护全民行动。

在案件宣判后，法院在“爱鸟周”期间前往涉案 32 只画眉鸟被捕获地，在原住居民围观下放生该 32 只画眉鸟，并当众宣讲 2021 年 2 月 1 日调整的《国家重点保护野生动物名录》已将画眉鸟列为国家二级保护野生动物，非法猎捕画眉鸟可能触犯危害珍贵、濒危野生动物罪。法院用百姓喜闻乐见的形式普及野生动物保护知识，实现了“办理一案、治理一片”。

惩戒之外，修复为重。生态保护不仅需要前期的法治宣传，后期的生态修复也十分关键。2021年，武夷山市人民法院审结一起刑事附带民事公益诉讼案件，以非法占用农用地罪判处被告人衷某斌、安某有期徒刑的同时，判令赔偿生态修复费和生态服务功能费共计698178元，并向社会公众公开赔礼道歉。

针对毁坏林木，法院创新设立“补植令”“管护令”“林木复绿补种监管令”制度，让毁坏林木者“补植复绿”，让“毁林人”转变为“护林人”，精准修复受损的林木。截至目前，法院依法发出“补植令”“管护令”12份。2016年以来，司法机关共办理41件涉及毁林的“补植复绿”案件，督促被告人履行“补植复绿”达3000余亩，林木存活率达90%。

为保护自然资源和生物多样性，维护生态司法的公正性，南平中院生态庭开始探索创新更多的生态修复机制。彼时，顺昌县人民法院审结一起林木滥伐案。鉴于被告人主动自首、积极退赃，并自愿花费4万元在“一元碳汇”平台认购400吨林业碳汇，法院依法予以从轻处罚。这是全国首例以认购碳汇方式替代性修复生态的案件。

随即，南平中院专程赴顺昌县进行调研，走访了顺昌县人民法院、顺昌县森林生态银行。其后，还与南平市自然资源局负责人及其所属南平市生态银行试点办公室负责人分别进行探讨。

根据《福建省碳排放权抵消管理办法》规定，当时，福建省碳市场仅接受权属较为清晰的独立法人的林地，个人与集体的林地难以参与碳汇交易。

我了解到，顺昌当地个人及集体林分散、权属不清，开发难度大。全县林地面积达250万亩，其中集体与个人林地约190万亩，碳汇开发空间巨大，却苦于无法申报。与此同时，福建碳市场内，林业碳汇交易也缺乏活力。

顺昌县本着使林业碳汇项目惠及林农尤其是贫困林农的目的，探索出林业碳汇扶贫（“一元碳汇”）项目，运用互联网技术建设了“一元碳汇”销售平台。平台上线近一个月来，共有400多人次参与碳汇认购，涉及600多吨林业碳汇，价值6万多元。按照当地计划，当年“一元碳汇”项目将在全县

◎武夷山风光（邱汝泉　摄）

3个乡镇落地，带动更多贫困林农生态脱贫。经调查研究，我们都极为认可顺昌县人民法院将碳汇交易应用于生态司法之举。

我认为，盗伐、滥伐林木刑事被告人缴纳较高额的碳汇资金以修复受损生态环境，而保有林木的守法林农则可持续享受出售碳汇收益的红利。两者之间对比鲜明，将成为推动林农持续培护、优化林木的原动力，同时震慑、感化潜在环境危害者，可实现惩治、修复、赔偿、教育“一判四赢”的法治效果。

此后，南平中院生态庭在全市范围内积极推广碳汇认购替代性修复机制。2022年3月8日，时任最高人民法院院长周强在十三届全国人大五次会议上作工作报告，4次点名福建法院工作，其中，南平中院认购碳汇替代性修复及“碳执行”案件受到肯定。

2022年9月起，南平中院首创“省内小协同、省际中协同、全国大协同”国家公园生态环境司法协作体系理念，先后牵头建立武夷山国家公园省域内“1+4”法院、闽赣省际“2+2+5”法院、国家公园司法保护协作联盟生态环境司法保护协作机制，切实担负起保护好生态系统最重要、自然景观最独特、自然遗产最精华、生物多样性最富集的国家公园的政治责任与司法使命。在这过程中，我们起草了《国家公园司法保护协作框架协议》《国家公园司法保护协作联盟章程》《国家公园司法保护协作（武夷山）宣言》《关于在全市法院试行环境资源类案件被告人以认购碳汇方式替代性修复受损生态环境的通知》等十余份创新性机制文稿。

“以法治之力呵护武夷生态之美”不仅是时代的呼唤，更是保护自然遗产、实现可持续发展的必由之路。而这条路还十分漫长，需要更多的人关注、呼吁、加入进来。

作者系南平中院生态庭庭长、四级高级法官

肖练冰　整理

环境是留给子孙后代最大的财富

——新《环境保护法》实施后环境公益诉讼第一案的参与经历

林　英

《环境保护法》于1979年试行、1989年正式实施、2012—2014年修订，全国人大历经三年四次审议，可谓精打细磨。修订后的《环境保护法》被称为新《环境保护法》(以下称“新环保法”)。这一“新”字，不仅标志着法律条文的全面革新，更深刻反映了我国在新时代对环境问题严峻挑战的积极回应与坚定决心，同时融入了环境多元共治的先进理念。

尤为值得一提的是，“新环保法”中增设的“信息公开和公众参与”专章，成为立法工作进步的一大亮点，它极大地促进了环境信息透明度的提高，为公众参与环境保护开辟了新渠道。而“环境公益诉讼”制度的创新引入，更是具有里程碑意义，它不仅为受损环境寻求法律救济开辟了新途径，也极大地激发了社会各界特别是环保社会组织参与环境治理的热情与活力。

2015年1月1日，随着“新环保法”的正式实施，符合第五十八条规定条件的环境保护社会组织迅速行动，依法提起了环境公益诉讼。这一举措不仅标志着“新环保法”的正式落地，也开启了社会组织在环境治理中扮演重要角色的新篇章。

2015—2023年，我参与了24起环境公益诉讼案件，见证了“新环保法”落地实施过程中绿色司法的进程，以及环境公益诉讼案件带来的生态改善。

第一案在福建南平的葫芦山

“不予立案”，是我国民间环境公益诉讼长期以来收到的最普遍回应。2015年1月1日，由南平市人民检察院、中国政法大学环境资源法研究和服务中心作为支持单位，原告北京市朝阳区自然之友环境研究所、福建省绿家园环境友好中心与被告谢某、倪某、郑某、李某，第三人南平市国土资源局延平分局、南平市延平区林业局的侵权责任纠纷案正式在南平市中级人民法院立案，这是“新环保法”实施后民间公益诉讼第一案、破坏生态第一案、公益诉讼基金支持第一案，以及请求生态服务功能赔偿第一案。

案件发生在南平市东南方向的葫芦山海拔500米左右的地方，这里地处亚热带常绿阔叶林区域，生物多样性丰富，次生植被以松树林为主，是闽江的重要水源涵养林之一。但在违法采石的过程中，采石者把表层厚度在20厘米到1米不等的风化层除去，这部分废料被顺着山坡往下随意堆砌，越积越多，使沿坡的植被“压垮致死”，让此处失去了为闽江流域涵养水源、净化空气等的生态服务功能，另一方面还增大了泥石流发生的风险。

2014年，我了解到案件详情，便和北京市朝阳区自然之友环境研究所的葛老师进行沟通。因为“新环保法”将在2015年的1月1日实施，其中增设的“环境公益诉讼”制度需要有典型的案例来验证，我们一拍即合，脑海中没有去想这件事有多难、是不是能做，就觉得必须做，环保社会组织应该要有这个时代的责任担当，应该要在“新环保法”实施后作出全国第一案的发声。面对没有法务专职人员也没有任何经费的现实挑战，我们还是硬着头皮，扛着干。

2014年12月4日，我和诉讼伙伴以及专家学者赶赴南平葫芦山生态破坏现场，进行第一次实地调研及生态损害调查。从山下往上看时，采矿所造成的植被损害还不明显，等到了山顶，才发现这里不仅没有植被，甚至连泥

◎葫芦山顶开采出来的花岗岩，与周围郁郁葱葱的山林形成鲜明的对比

土都很难找到，只有一块块很大的白色石块和锈迹斑斑的采石机械。上山的路上，由于连日暴雨，狭窄的路面异常松软，大家只能徒步攀爬。生态专家表示，未来这里会慢慢长出甜槠之类的耐阴植物，但要恢复成为生物多样性丰富的常绿阔叶林，则可能需要几百年乃至几千年。

元旦，公益诉讼立案了

2015 年 1 月 1 日，我接到南平市中级人民法院（以下简称“南平中院”）的立案通知，当时的心情难以言表。因为这意味着环保社会组织参与我国环境保护终于有了司法保障，这份书面上的资格，正式落地了。未来，中国的环保公益组织推进环境保护工作时，有了一个新的重要途径。我立刻拍照，通过微信转发给行业伙伴。微信群里一下子炸开了锅，大家的兴奋之情难以言表。

兴奋的背后，是来自提起诉讼之前的不易的经历。因为案件的缘故，我已记不清跑了多少趟南平。2014—2015 年上半年，福州和南平之间尚未开通动车，每一次都需要乘坐 3 个多小时的大巴前往。每次和司法部门约定时间后行程就是固定的一条线——清晨一早出发，中午抵达，等待司法部门下午上班，见面处理事宜后，再赶回福州。

在沟通支持起诉单位的过程中，记得有一次和南平市人民检察院生态处处长预约了见面时间，希望争取他们作为支持起诉单位。当时怕途中耽误，我便空着肚子赶到南平，结果对方临时有事，而更改见面时间又将耗费人力物力，我便在检察院办公楼的公路旁等了几个小时。在我登门拜访介绍了自己的身份和来意后，处长热情接待，泡了杯武夷岩茶。我又饿又渴，便一杯接着一杯地大口喝起来，现在想想甚是失态。处长询问我案件起诉的目的和意义，赔偿经费怎么安排，用在哪里？我回答："所有补偿生态服务功能损失的费用原告不会介入，由法院判决指定账户。原告的诉求和目的，就是让环境得以治理，生态环境得到修复。但原告有权监督这笔资金是否用在了环境的修复上。"处长第一次接触我们这个领域，认为我们的工作非常有意义，表示尊重。在向院领导汇报后，检察院同意作为支持起诉单位。那日，等到处理完事项已是傍晚，为了节省住宿费，我当晚就"拼黑车"回了福州。"星光不问赶路人，时光不负有心者"，每每回想起那段经历，大抵是心里仰不愧于天、俯不怍于地的立身之本支撑着。

除了南平市人民检察院作为支持起诉单位，中国政法大学污染受害者环境法律帮助中心也担任支持起诉单位，中心主任王灿发教授对案件给予了大力支持。厦门大学李振基教授也为案件提供了无偿鉴定，解决了生态破坏中最重要的损失鉴定难的问题。南平中院对"第一案"也高度重视。

5 月 15 日上午 8 时 30 分，庭审正式开始，持续时间长达 7 个小时，案

◎ 2015 年“新环保法”实施后的全国第一案——南平生态破坏案，环境公益伙伴在新闻发布会现场合影

◎ 2015 年“新环保法”实施后的全国第一案——南平生态破坏案，林英（右一）、生态损害评估专家李振基教授（右二）与央视记者（左二）、志愿者（左一）在生态损害现场

件最终由南平中院作出判决，判令4名被告在5个月内清除矿山工棚、机械设备等，恢复被破坏的28.33亩林地的生态功能，在林地上补种林木，并抚育保护3年。如不能在指定时间内恢复林地植被，则应共同赔偿生态环境修复费用110.19万元，并赔偿生态环境受损恢复原状期间的服务功能损失127万元，用于原地的生态修复，或异地公共生态修复。

环境公益诉讼的未来展望

“新环保法”生效前，污染事件屡禁不止与违法成本过低有关。福建省也存在着矿山违法开采导致的生态破坏，2015年7月，福建省人民政府办公厅就印发了《打击非法违法采矿专项整治行动方案》。之前对环境污染事件的处理大多以行政手段为主，处罚大多低于实际违法成本，导致环境损害难查处、难执行、难到位。只有很少一部分事件会进入司法程序，其中大多还停留在“只要求赔付污染损害”阶段，并没有落实到耗钱耗时的消除污染和环境恢复上。对造成的严重损害，往往也是财政兜底来进行生态修复。面对此起彼伏的环境违法行为，环境公益诉讼可以由环保社会组织追究责任方恢复原状或高额的经济补偿，显著提高了违法成本，助力政府执法监管，能有效监督和遏制环境违法行为。

但环境公益诉讼也对环保社会组织的专业能力提出了很高的要求。部分组织的资金筹集、评估鉴定能力有限，加之人力、物力、财力等方面均有不足，能够以及愿意采用环境公益诉讼方式进行生态监督的环保社会组织相对较少。未来需要社会在资金力量和技术力量方面的支持，也需要国家在立法上加快推进公益诉讼的相关配套规定的出台，从而推动我国的绿色司法进程。

作者系福建省绿家园环境友好中心创始人、理事长，省委统战部无党派人士

聚金融力量　护绿水青山

陈亚芹

2005年，“绿水青山就是金山银山”的科学论断提出后不久，兴业银行便成立了能效融资专业团队，并于2006年推出首笔能效融资产品，从而开启了绿色金融的创业历程。

而在美丽中国建设背景下，如何推动环境保护外部性内部化，又同时兼顾商业可持续性，为绿色发展领域引入更多的“活水源泉”？这是我们金融机构一直在探索的。

作为从福建走出来的银行，“爱拼敢赢”“重义求利”的精神，早已刻在兴业银行的骨子里。绿色金融业务的推动，我们可以说是“摸着石头过河”。很多基层同事从零学起，一点点摸排客户业务需求，不断开拓新市场。一些环境治理类项目，我们没有因为收益问题就不提供融资；很多企业有ESG（环境、社会和公司治理）管理的需求，有碳数据管理的需求，我们就提供专业服务，帮助企业提升环境管理水平。渐渐地，我们在市场上打出了绿色金融的品牌，客户都知道我们是“绿色银行”，更多的银行同业也接受了绿色金融的理念。

从八闽山水中走出来的绿色银行

“八山一水一分田”的福建省，与“绿色”有着天然密不可分的联系。

◎ 2007 年 12 月 14 日，兴业银行与时任世界银行行长佐力克先生展开会晤，双方就能效融资项目及赤道原则相关事宜进行交流

记得最初到福建的时候，福建给我的印象是历史底蕴深厚、山水风光旖旎，拥有长长的海岸线、广袤的森林。

兴业银行诞生于福建，成长于八闽山水的环绕之中。本世纪初的几年里，兴业银行逐渐在国内商业银行中崭露头角。同时，生态环境保护的议题在国际、国内受到越来越广泛的关注，绿色金融在国际上已有探索与实践，但在国内并不是主流的理念。在这一大背景下，兴业银行开始思考履行社会责任与银行自身可持续发展的关系，并逐步将“绿色银行”作为自身走特色化发展路径的战略与方向。

在发展初期，新兴绿色产业商业模式尚不成熟，客户的环境风险管理意识不强，诸如此类的问题对绿色金融的推进构成了一些阻碍。从内部来看，“绿色金融”“节能减排项目融资（CHUEE）”“赤道原则”这一系列的新名词，对行内员工来说也属于陌生概念，尤其是分支机构一线工作人员知之甚少。不少员工将其视为在向客户提更为严苛的环保要求，担心会影响业务的发展。为打消行内的疑虑，总行组织了几十场内部培训，同时在分行开展项目过程中进行全面指导，最终在全行范围内达成了共识。

一路走来，我们牢记“为金融改革探索路子，为经济建设多作贡献”的使命，秉持差异化发展的初心，不为纷繁时议、荆棘困顿所扰，在绿色金融领域摸索前行，不仅拓宽了银行业务，还能帮助企业管理风险，促进人与自然的和谐发展，实现经济、环境与社会效益。我们提出了“寓义于利”的社会责任实践方式，并举全行之力从战略上去推动，最终找到了一条更可持续地履行社会责任的道路。从以“水十条”“土十条”“气十条”为政策引领，布局水资源、固废治理、大气治理等领域，到聚焦“双碳”战略目标，重点服务“降碳、减污”领域，我们始终坚守“绿色银行”本色，为保护自然生态、减缓全球变暖、改善人居环境贡献力量。

“绿色金融先行者”“要治水找兴业”“明晟 ESG AAA 级银行”……绿色金融如今已经成为兴业人向客户递出的一张亮丽名片。在兴业银行任职的时间长了，我每年都要往来北京、福建数次，看到一份份生态环境政策文件从北京发布，在福建生根成长、落地实践；看到福建绿色金融改革创新走在全国前列，越来越多的金融同业到福建交流学习绿色金融创新实践情况，我感到无比自豪。

绿色金融不做依附而生的“藤蔓”

“绿色金融不应该成为依附在现有资产业务上的藤蔓，而应该成为一棵开满鲜花的参天大树。”这是兴业人在绿色金融业务发展初期的设想。

我们在推进绿色金融业务时，总能真切地感受到政府机构、企业和银行心往一处想、劲往一处使，铆足劲儿推进项目落地，虽然困难却乐在其中。

这是因为绿色金融不同于一般的业务，所支持的项目具有很强的外部性，有益于国计民生。从起初的可持续金融中心，到可持续金融部，到2017年以来符合条件的分行陆续设立绿色金融部，再到2022年体制机制改革后，按照“绿色融入各业务领域”的改革精神，推动绿色银行集团建设。十余年的发展历程，使得“绿色”真正融入了兴业人的血脉当中，并结出了丰硕的果实。

一路征程，一路繁花。以兴业银行在杭州的实践为例，从“五水共治”到“五废共治”，从“千万工程”到“美丽乡村”，从“美丽城镇”到“美丽浙江”，随着生态环境保护的内涵和外延不断扩展，绿色金融业务与服务的深度和广度不断延伸。从最初水环境治理类业务占比一度达到70%，到节能环保和绿色技术等“减污降碳领域”全面发展，其中凝聚了兴业人坚定前行的

◎兴业银行杭州分行成功落地“节能减碳技改贷”项目，为浙江天裕能源有限公司节能减碳项目提供资金支持

汗水，也有满载而归的喜悦。

凭借着“寓义于利”的理念，绿色金融将服务触角主动延伸到普惠、乡村振兴领域。2017 年 6 月，兴业银行在贵州的第一笔“绿色扶贫”业务投入盘州市石漠化综合治理项目，对于改善项目区生态环境质量、促进农业产业结构调整具有明显的社会效益。在江西石城县，兴业银行提供融资服务的 60 兆瓦光伏项目，每年将部分发电收益作为该县扶贫款。在福建，2012 年以来，兴业银行长期挂钩南平市政和县，带领村民翻修村部，建设入村错车道，开拓总长 4 千米的机耕道……交通的便利促进了当地毛竹等林业资源的开发，村集体经济稳步发展，村民实现增收致富。该村于 2018 年提前脱贫摘帽。

◎ 2022 年，兴业银行为宁夏石嘴山市某光伏复合发电项目建设提供超 10 亿元贷款

闽宁缘，山海情。在戈壁滩上，我们也播种了绿色的种子。近些年，全行积极推动东西部协作，积极推动西部的土地资源、绿色能源转化成经济优势。兴业银行银川分行与闽宁镇、闽宁产业园签约，为闽商在宁投资提供绿色金融保障，促进项目落地金额达 1.3 亿元，重点投向绿色肉牛养殖、绿色农副食品加工等领域，实现了促投资、兴产业、共富裕。

如今的绿色金融，已经延伸至兴业银行全集团各个领域，覆盖信贷、租赁、基金、信托等各类服务，绿色金融客户数达 6.5 万户，绿色金融融资余额突破 2 万亿元，绿色贷款余额 9151 亿元，所支持的绿色项目可实现年节约标准煤 1016 万吨、年减排二氧化碳 2409 万吨、年节水量 1047 万吨，为服务社会发展提质增效。

当好家乡碧水蓝天的守护者

“七溜八溜，不离福州。”只有真正走在福州郊野的森林里，才能感受到绿色低碳生活给这座城市带来的意义。在福建，每隔几年我们就会组织绿色金融的品牌活动，倡导更多市民走进生态、亲近自然，参与到绿色运动、低碳生活中来，形成全社会保护环境的良好氛围。

兴业银行绿色理念根源于福建，这里的每一条河流和绿荫，都有兴业人的脚步来丈量。为了服务生态美丽河湖建设，2018 年 10 月，兴业银行福州分行被授予光明港（晋安段）“企业河长”称号，成为福州市城区内河首位企业河长。与此同时，福州分行河道保护志愿队宣告成立，定期对河道开展护河、治河行动，不定期开展河道治理保护宣传教育活动。

“林改前，森林资源难以变现，我们林农融资难。林改后，林票能从兴业银行那里获得融资，手上的资源盘活了，资金宽裕了。这简直是解决了我们林农的一件大事。”三明一位林农这样说。

绿色金融服务的中小微企业，规模小，轻资产特征明显，缺乏足值的抵

水净了、气清了、堤固了，三万乡亲心安了

——青圃环保故事

方垂弘

2023年春意盎然之际，我来到闽侯县青口镇青圃小学旧址，校门口停车场东北侧，一座高大典雅的“功德碑”静静矗立。看着碑身两侧的“绿水

◎位于青口镇青圃小学旧址的生态环保纪念碑

青山铭记当年志愿者，初心使命流传后代继承人”的碑联，往昔携手青圃志愿者同属地政府攻克污染，还乡村美丽、让百姓心安的画面再次涌上心头。

美丽青圃危机四伏，银发老者上门求助

那是2013年，我在省环保志愿者协会任办公室主任。7月初的一天上午，两位白发苍苍的老者来到协会，他们眼神满是忧愁。我和同事见状，立刻上前关切地邀请他们坐下并端上茶水。原来，他们是青口镇青圃片区的百姓，一位81岁、一位74岁。我们边倾听他们反映情况，边仔细地看着他们带来的资料……

闽侯县青口镇青圃片区有10个行政村，那时常住3万多人。青圃原来山清水秀，鱼戏溪河，但十多年来畜禽养殖场逐渐包围了青潭溪——世代青圃人赖以生存的水源地。溪上游养鸡场、养猪场排泄物等未经处理直接外排，甚至有人将死鸡丢到青潭溪，严重污染了水源。还有一些工厂，将废气、废水直接排出，污染了乡村空气、河流和土壤。前山露天焚烧垃圾产生的滚滚黑烟时常笼罩整个青圃。这一切，导致那些年生活在青圃的青年参军体检异常情况较多。青圃百姓受到前所未有的环境污染威胁。

两位老者带来盖着青圃10个行政村公章和上千位村民代表签名摁手印的资料，忧愁地诉说着这几年他们通过各种渠道向多部门反映，但都没有完全解决的经历。他们希望我们能伸出援手。

听完老者的诉说，环境专业出身的我，深知问题严重，更能体会青圃百姓的痛苦、恐慌与无助。我们郑重地接下这一沓沉甸甸的“求助资料”。送二位老者到电梯口时，我坚定地说：“青圃一定会好起来！我一定会和你们并肩作战，协会一定会全力以赴！”二位老者眼神有了些许光芒，泪水在眼眶中涌动，脸上努力地挤出微笑。深受震撼的我擦去眼角的泪水，暗下决心，一定要帮百姓改变现状。

那时我还不知道，这一路会遇到那么多的艰难险阻。

深入调研“为民请命”，凝心聚力攻克污染

老者走后，我们立即与协会领导、专家沟通商议，组织专题会研讨对策，开启了长达三年的攻克污染、保护乡村生态环境实践。

7 月 12 日，协会水资源保护组负责人带队前往当地了解情况，福建电视台综合频道《第一帮帮团》、公共频道《公共事线》栏目一同前往调查。触目惊心的污染情况一经曝光，便引起社会各界的关注与重视。

省政协人资环委委员、省环保志愿者协会专家潘亮撰写的社情民意《闽侯青口周边水源污染问题亟需重视》刊登在《福州信息·民情专报》上。7 月 16 日，时任福州市委副书记周宏对此作了批示。

青口镇政府在 7 月 18 日对青圃片区饮用水水源地上游畜禽养殖场整治情况作出反馈。

那时，青圃水源地上游养殖场脏臭惊人，近之让人反胃；养殖场人员极为凶狠，我们在调查时甚至被恐吓。《福州晚报》一记者于 7 月 31 日前往调查时，受到重重阻力。8 月初，《福州晚报》连发 4 篇相关文章：《群鸡“占山为王”鸡粪污染水源，闽侯青口青圃片养鸡场成公害，本报记者实地调查遭陌生壮汉殴打》《一定查清打人者　尽快取缔养鸡场》《知情者向本报揭养鸡场黑幕，8 家养鸡场都养着打手》《说是一定取缔　但不知何时取缔》。后来，政府人员组织前往拆除养殖场时，还被放狗追咬。

为帮助群众解决问题，我多次前往青口调研。有一次，我到青口扎根一周。那时住百姓家，第二天我就闹肚子。记得那天晚上 10 点了，老者孝瑞同志端来草药汤给我医治，无微不至，让我十分感动！黑色的夜幕中，我似乎又看到每天傍晚露天垃圾焚烧场升起的滚滚黑烟。

当时协会的专职人员只有两名，工作压力不小，协会的领导、专家、志愿者付出了许多努力。

我全力以赴汇整材料，完善《关于青口镇青圃片饮用水源地水质被污染的调查报告与建议》。协会发函给上级相关单位，我自己也带着建议报告直接去找福州市环保局局长，请其帮助解决问题。

12 月 20 日上午，我走进福州市环保局大楼。来到局长办公室，我汇报了闽侯青圃的污染情况，恳请局长帮助青圃百姓，同时递上了调查报告与建议。局长翻看后对我说："好！谢谢你们！我了解下情况会让人联系你。"

欣慰的是，星光不负赶路人，当天市环保局流域办、执法队的同志就联系了我。

12 月 25 日，市环保局委派市环境综合行政执法支队、流域办及闽侯县环保局人员与我们到现场调查。之后，我们到青口镇政府开专题会。青口镇畜牧站站长、联光村委书记等参会。会上，大家一起商讨对策、分工、计划，形成了会议纪要。

2013 年的跨年夜，我加班草拟《关于落实保护青圃片区饮用水源的函》。2014 年 1 月初，我们将该函与《"青圃片区饮用水源保护"座谈会会议纪要》及对策建议发给闽侯县政府。当地志愿者积极行动，不少百姓主动加入环保志愿者队伍，协助调查取证、收集信息、劝导养殖户。

3 月，协会向县政府汇报志愿者、百姓反馈的最新情况。时任闽侯县分管农业副县长高度重视并与我们会商。5 月，闽侯县政府印发《闽侯县畜禽养殖污染整治工作方案的通知》，青潭溪被列为污染整治的重点区域。县政府对症下药，制定目标（禁养区内年底前清除、禁养区外达标排放）、明确责任（责任分解到具体人头）、实行通报（一周一报告）、强化督查问责。在青口镇领导干部的努力与志愿者们的配合下，2014 年底，青口镇违规设立的 457 户共 58 万平方米畜禽养殖场全部拆除，青潭溪畜禽养殖污染饮用水源问题得以根治。为进一步保障饮用水安全，当地政府建成日出水 7200 立方米的净水过滤池。自来水变清了，乡亲们多年紧绷的心弦渐渐松了下来。

青圃片区饮用水源污染得以根治，一些污染养殖场向苗木园艺等生态产业转型。多家媒体持续关注报道，宣传推广成功经验：福建电视台《新闻启

◎ 2013 年，前山露天垃圾焚烧厂、水源地上游养鸡场以及直排的畜禽粪便和青潭溪上游的死鸡

◎如今的青潭溪（白水路段）

示录》专题报道《守护绿水青山，“1+1”如何大于“2”》、《现场深一度》专题报道《守护绿水青山的眼睛》，《中国环境报》报道《环保志愿者助力政府治污》，《福州晚报》报道《满山鸡场没了，青山绿水重现》……

乡村环协福建首创

为团结、发展这支具备一定经验、热爱家乡、热心公益的基层环保力量，以期可持续地协助政府守护生态环境，我们建议成立当地环保协会。

◎ 2014 年 9 月 16 日，闽侯县美丽青圃环保志愿者协会成立

9 月 16 日，“闽侯县美丽青圃环保志愿者协会”（以下简称“青圃环协”）创会会员大会在青口镇政府会议室召开，福建首家村级民间环保组织成立。会上，省环保志愿者协会领导和青口镇领导等高度评价了志愿者在协助政府完成青口片区猪栏鸡舍拆除与转型及区域生态环保方面发挥的积极作用。看着一张张熟悉的面孔，回想一年来的点点滴滴，我忍不住哽咽了。许多志愿者也纷纷落泪。这些泪水，是对水质恢复的欣慰，是对过程艰难的感慨，是对大家同心攻克污染的敬意，更是对美好生活的向往！

之后，青圃环协在青圃小学旧址建立了环境教育基地，组建了环保巡查志愿服务队。福建省政府和福州市政府门户网站转载《闽侯县成立首家村级民间环保组织》，称该协会“全力协助当地政府服务地区环境保护和生态发展”。

守护生态再立新功

一是助力露天垃圾填埋与焚烧场彻底关停。

多年来，青圃数万民众的生产生活垃圾直接在青圃东的前山半山腰露天倾倒、焚烧，伤害了百姓与这片土地。政府拟建垃圾中转站，却因征地困难长期搁浅。我再次到青口调研并和林依忠等同志深度交流。不久后，林依忠等人拿出自家口粮地与他人置换，解决了征地难题。2014 年 12 月 5 日，中转站建成后首车垃圾运出青圃，前山垃圾焚烧场得以关停。

二是助力黄溪水毁河道在雨季来临前修复。

2015 年 3 月初，青圃环协反馈：青口去年发生特大洪水，黄溪的防洪堤被冲毁数段，百亩良田被淹，造成了村民重大财产损失，但镇政府尚无行动。我随即组织召开专家会。3 月 3 日，我同毕业于清华大学的原福州市水利局总工郭季雄前往青口，与青圃环协骨干等实地勘察、测量三段水毁堤坝。郭总工连夜完成黄溪“6·19”水毁堤坝修复工程设计图及预算，我同时完成《紧急：关于黄溪防洪堤“6·19”水毁修复工程的建议报告》。次日，报呈青口镇政府。青口镇党委政府针对此报告召开会议着手实施。黄溪水毁河段终于赶在雨季来临前修复完成。

三是助力洪涝新风险排除，百姓终于心安。

2015 年 11 月，志愿者求助：福州东绕城公路途经青圃段将采用“填土路基”方式建设，填土路基抬高路面必定会让洪涝问题更加严重，当地百姓为此忧心忡忡。我们立即召开专家会、现场调研、撰写报告、对接相关部门、监督与协助落实。2016 年，相关部门报经上级部门批准，该路段建设方式改为“建高架桥”。

数个生态环境危机的消除，三万乡亲终于心安了！

如今，青圃环保志愿者依然活跃，服务范围扩大到青口全镇。我们也持之以恒地为人与自然和谐共生的美丽中国建设砥砺前行。

作者系福建省海洋生态文明促进会会长、福建省环保志愿者协会副会长

“碳”求碧海蓝天之路

漳州市中级人民法院

海，闽南人的蔚蓝家园。

放眼广袤的漳州平原，一条条河流汇入九龙江，再奔腾到海。1.86 万平方千米的海域面积，715 千米的海岸线，656 公顷的红树林……种种数据表明，漳州这座滨海城市有着巨大的蓝碳潜力。

2021 年 3 月，习近平总书记在福建考察时强调，要把碳达峰、碳中和纳入生态省建设布局，科学制定时间表、路线图。同年 5 月，福建省政府发布《加快建设“海上福建”推进海洋经济高质量发展三年行动方案（2021—2023 年）》，提出“抢占海洋碳汇制高点”这一重点任务。紧接着，漳州市第十二次党代会提出建设现代化滨海城市的目标，积极融入“海上福建”建设。

“‘蓝’图已绘就，人民法院如何迈出关键一步？经过多年的实践探索，我们认为从保护和治理入手是最优解。”漳州市中级人民法院（以下简称“漳州中院”）生态审判团队先行先试，在全国率先建立蓝碳司法保护与生态治理机制，探索创新“法治保障—综合治理—碳汇增益”的蓝碳“法治汇”模式，实现海洋生态保护、治理和发展同步推进，为打造美丽中国先行示范省贡献漳州力量。创新成果被写入最高人民法院《中国环境资源审判（2023）》和《中国环境司法发展报告（2023 年）》。

一个崭新样本

“何为蓝碳？蓝碳在生态环境系统中扮演着何等角色？蓝碳和司法又该如何联结……这些问题是拦在我们面前的第一道难关。”漳州中院审判委员会专职委员林微回顾，团队最初与蓝碳结缘是在2019年。那一年，联合国政府间气候变化专门委员会发布《气候变化中的海洋和冰冻圈特别报告》，提出发展蓝碳是减缓气候变化的重要举措之一。蓝碳治理正逐步成为各国和区域应对气候变化的行动中心，也成为国际碳规制的新重点。

从中得以窥见，为蓝碳战略注入司法动能，无疑是大势所趋。由此，一个“蓝碳+司法”的雏形浮现在大家的脑海中。

从一丝小小的念头到一项完善的机制，转化谈何容易！在此之前，全国

◎漳州中院调研漳江口红树林生态保护与治理情况

法院系统在这方面的探索几乎为空白。囿于专业壁垒，漳州中院生态庭开启了一次全方位的论证。

团队成员分头行动，相继走访厦门大学、闽南师范大学等高校专家，学习掌握蓝碳相关理论；深入漳州市生态环境局、林业局、海洋与渔业局等部门，进一步了解本地蓝碳资源情况；同时发动全市基层法院梳理涉蓝碳案件，并与上级法院沟通协调，就蓝碳案件范围进行讨论确定，评估该项工作的可行性。

通过充分调研，漳州中院生态庭发现，碳汇作为一种从大气中清除二氧化碳的过程、活动或机制，被认为是实现碳中和目标最经济的方式之一。当前，被广泛关注并进入实践领域的是绿碳（森林碳汇）和蓝碳（海洋碳汇）。相比绿碳，蓝碳在碳捕获与封存方面具有明显优势。但现实却是，相较于绿碳被普遍重视，蓝碳在我国尚处于起步阶段。前期实践中，蓝碳仍面临计量方法不明晰、评估鉴定缺标准、交易渠道匮乏等问题，特别是关于蓝碳司法保护与生态治理，既缺乏理论研究，也未有系统的实践总结和可复制推广的制度设计。经过大量有益探索后，漳州中院精准破局，于 2021 年全国首创蓝碳司法保护与生态治理机制。

结合地域特点，漳州中院先后指导辖区龙海、漳浦、云霄、诏安、东山等沿海基层法院，设立蓝碳司法保护五大示范点，指导东山法院率先出台《蓝碳司法保护案件类型与统计标准（试行）》，明确环境污染防治类、生态环境治理与服务类、生态保护类、气候变化应对类、资源开发利用类等涉蓝碳五类纠纷范围，优先归口审理，实行集约化立审执“三优先”办案模式，稳步推进蓝碳专业审判。

“我们希望打造全国首个蓝碳司法保护地方性样本。”漳州中院生态庭庭长罗德渊话语铿锵。截至目前，漳州两级法院共审理涉蓝碳案件 80 件，其中2件入选全国环境资源审判十大典型案例、2件入围新时代推动法治进程十大案件、10件次入选省级典型案例。短短几年时间交出的“答卷”，令人眼前一亮。

一股多元合力

“蓝碳司法保护与生态治理机制的可持续发展，离不开党委政府的重视支持，也离不开各部门的同心协力。”林微认为，要想全面推动这项工作，就必须变“独唱”为“合唱”。

以蓝碳司法协同治理为切入点，漳州中院邀请全国政协委员、中国法学会副会长吕忠梅等多位专家学者会商研判，就蓝碳计量、固碳评估、动态监管、生态修复、司法保护等方面内容，联合出台《漳州市蓝碳司法保护与生态治理行动计划（2021—2025年）》（以下简称《行动计划》），探索蓝碳司法保护与治理的漳州路径。

2021年10月，根据《行动计划》，漳州中院联合漳州市发展和改革委员会、自然资源局、生态环境局、林业局、海洋与渔业局、闽南师范大学等6家单位，挂牌成立全国首个蓝碳司法保护与生态治理研究中心，有效破解部门各自为政、职责不清的问题，促进司法、行政、政策、技术同向发力，建立蓝碳生态保护协作机制。

成员单位联合开展“蓝剑”“商渔共治”“海洋增汇减排”等专项行动，严厉打击渔船非法捕捞、非法采砂等违法犯罪活动，实施碧海工程，加强红树林保护、渔业资源养护，建立健全生态产品价值实现机制。

漳州市渔民近2万人，守护出海渔民平安关系着千家万户的幸福。在蓝碳司法保护与生态治理机制推动下，漳州市海洋与渔业局组织开发了“海上漳州船讯通”APP，在全国首创“掌上海图”，实行“千名干部包万船”“百名干部联百港”，包船干部随时随地打开“船讯通”APP，全市渔港实景、海域实况、渔船动态全景可视，渔民海上事故风险可感知可预防，渔民生命安全全程守护。

结合绿碳、蓝碳一体化保护理念，漳州市林业局稳妥推动林业地票、林票、碳票“三票融合”，即以“三票”为核心的林地所有权、承包权、经营权资产折资量化运行机制，实行出地给地票、出钱给林票、凭票分红。这在全国尚属首创，不仅破解了林地所有权、承包权、经营权“三权”分置不清、变现不易等难题，而且有助于实现林业生态产品价值，使集体得财、林农得益、经营得利、社会得绿。

研究中心成立以来，成员单位持续激活创新能力，已汇聚十余项丰硕成果。

“这些年，漳州在运行蓝碳司法保护与生态治理机制方面取得了良好成效，但也存在一些制约因素，需要凝聚更大合力加以破解。”福建省人大代表、漳州市政协副主席、民革漳州市委会主委戴鹏飞一直关注着这项工作。

2022 年 9 月，戴鹏飞带领部分民革界别市政协委员和市政协人资环委同志等组成的调研组，深入云霄、东山开展“蓝碳保护视野下司法助力碳达峰碳中和工作”专题调研。

调研发现，蓝碳司法保护与治理面临的问题与困难并不少，既有蓝碳的监测与核算不明晰、公众知晓参与度低等现实因素，也有蓝碳相关法律供给不足、涉蓝碳生态产品价值实现机制尚未成熟等问题。

经过多方走访调研、广泛征求意见，调研组提交了《蓝碳保护视野下司法助力碳达峰碳中和的实践与思考》的调研报告，得到漳州市委市政府高度重视。戴鹏飞还利用省两会等平台提交了《关于完善我省蓝碳司法保护与生态治理机制的建议》，供省委省政府决策参考。

随后，更多意见和建议凝结着社会各界的智慧，从四面八方汇集而来。

“建议强化蓝碳司法保护协同治理的政策支持与法律保障”“应该出台蓝碳资源计量和评估相关法律法规、政策和方法体系”“要从蓝碳保护法律体系、蓝碳监管执法体系、蓝碳司法体系以及蓝碳守法体系等方面入手，构建蓝碳保护法治路径”……这些宝贵的“金点子”，为漳州蓝碳工作标注了一个又一个崭新的奋斗目标。

一份广泛共识

为提升蓝碳研究智力，漳州中院进一步扩大“朋友圈”，持续加强与中国政法大学、自然资源部第三海洋研究所等高等院校、科研机构合作共建，定期邀请不同领域专家学者围绕碳汇结算、源头防控、过程控制、损害赔偿、责任追究等开展会商研讨，并推动蓝碳生态修复指引等十余项课题成果转化。

2022 年 9 月 2 日，最高人民法院年度司法研究重大课题“司法服务保障碳达峰碳中和研究”开题论证会在漳州中院召开。该课题由漳州中院和华侨大学联合承担。

“将学术理论研究与司法实践需求紧密结合，探讨如何通过司法手段协调经济发展和应对气候变化，具有较强的针对性和现实意义。其获益是长远的，一方面能够科学指导实践，另一方面也能够有效反哺科研。”担任课题组主持人之一的华侨大学法学院院长、党委副书记刘超对合作充满信心。

课题组通过一年多的研究，清晰界定司法机关在服务保障“双碳”目标中的法理基础和功能定位，系统梳理该项工作的现状和主要障碍，紧密跟踪司法机关能动创新情况，提出扎根于我国社会实践的、能够切实推动实现“双碳”目标的司法保障路径，希望形成中国特色的“双碳”司法范式。

该课题的圆满完成，获得了最高人民法院的肯定。相关研究成果入选第七届海峡两岸暨香港澳门司法高层论坛论文资料，并刊载于《中国地质大学学报》《南京大学学报》等高规格学术刊物。

公众对蓝碳的认知不足，势必影响推进蓝碳发展的行动自觉。为广泛凝聚共识，漳州中院积极发挥蓝碳司法保护示范点聘请的蓝碳调解员、监督员和联络员作用，通过以案释法、深化蓝碳司法“七进”活动、举办生态文明建设知识讲座、开展蓝碳志愿者活动、打造低碳社区示范点等，营造人人参与、节能低碳的浓厚氛围。

2022 年 5 月 18 日，漳州市近千名学生齐聚文昌小学操场，在一片欢声笑语中同台竞技，踊跃参与“蓝碳杯”千人书法大赛。“守护海洋 · 与法同行”“蓝碳司法 · 护航生态”“千人书法助力创城”等文字跃然纸上。

活动通过法院与学校联创共建，将倡导低碳环保理念与弘扬中华优秀传统文化、加强青少年法治教育深度融合，呼吁更多人一起参与到“守护海洋 ·‘碳’路未来”的行列中。

“如何让蓝碳概念更深入人心？我们想到可以创设一个 logo，向社会大

◎ 漳州中院组织干警到漳江口红树林国家级自然保护区开展蓝碳司法宣教活动

众传递这些信息。”漳州中院干警干劲满满，自主设计了蓝碳司法保护与生态治理标识，成功获得国家版权局作品登记。该标识由海豚、浪花、天平、水仙花等元素组成，整体主色调为蓝色，主要运用于开展蓝碳司法保护与生态治理会议、研讨、志愿服务等活动中，助力打造蓝碳普法宣传品牌。

2023 年 8 月，漳州蓝碳司法保护与生态治理机制被福建省委全面深化改革委员会列入“一市一试点”专项改革任务，为全省法院系统唯一入选项目。漳州市委常委会会议暨十二届市委全面深化改革委员会第十三次会议，将该机制列为重点改革事项并听取工作汇报。

这意味着，该项机制将向更高层次、更大范围、更宽领域铺开，通过坚持市委领导下各单位各部门既各负其责又协调联动的工作机制，建立完善全流程全要素、项目化信息化、面向全省全国和科研院校的海洋生态治理系统，推动更高水平的共治、智治、善治，为筑牢中国式现代化生态根基提供漳州智慧和力量。

一次外脑赋能

创新之路踔疾步稳。面对机制推行过程中的“绊脚石”，漳州中院既敢于出招，也善于应招。2020 年，为有效破解生态环境案件技术事实查明难、鉴定周期长、鉴定费用高、生态环境修复难度大、修复执行监督缺位等难题，漳州中院在全国首创了生态环境审判技术调查官制度，聘请 11 个领域 43 名生态专家组成技术调查官库。技术调查官享有现场勘验权、调查询问权、文书署名权，为重大疑难复杂生态环境案件的审理提供专业支持。

2024 年 5 月 31 日，东山县人民法院（以下简称“东山法院”）公开审理一起非法收购、销售野生海马案件。

被告人非法收购冰鲜野生海马，晾晒成干后将海马干制品出售并从中获利。此案共查获海马干 45193 尾，核定价值 346.7 万元，两被告人各非法获利 8 万元。

传统的增殖放流只针对受损渔业资源进行修复，如何完全修复被破坏的海洋生态环境，让案件不至于一判了之？东山法院聘请长期参与湿地生态系统修复工作的漳州市林业局高级工程师林国洪作为生态环境审判技术调查官参与案件审理，并对生态修复方案进行论证。林国洪介绍说：“海草床是海马等海洋生物的主要栖息地，根据历史记录，东山曾有海草床资源分布。修复东山的海草床资源，是恢复当地海洋生物多样性的重要措施。”

东山法院多次牵头组织相关部门，共同探讨海草床生态修复的可行性，研判出“植草复栖+碳汇认购”的修复方案，最终促成被告人自愿委托自然资源部第三海洋研究所开展海草实验性复植，并购买海洋碳汇进行替代性修复，实现惩治违法犯罪、保护海洋生物多样性、增强群众法治意识“一判三赢”效果。

“过去涉生态刑事案件往往只判处罚金，惩罚和修复效果不尽如人意。自从引入生态环境审判技术调查官，有专人‘翻译’技术难题，法官审理案件的思路就清晰多了。”罗德渊表示，该制度填补了生态环境审判技术辅助制度空白，破解了生态修复难以落地的堵点。

“作为一名生态环境审判技术调查官，我对漳州法院生态司法创新工作的感受特别直接，体会也特别深刻。”全国人大代表、闽南师范大学生物科学与技术学院院长陆銮眉说。

陆銮眉仔细算了一笔账，在引入技术调查官后，法院判决就地修复从原来不足 30% 提升到 60% 以上，当事人对鉴定争议或申请二次鉴定的数量大幅减少，鉴定周期相比同类案件缩短 60 ～ 90 天，鉴定费用降低 30% ～ 50%。

“漳州法院创新生态司法保护工作成效突出，值得总结推广。”2022 年全国两会期间，陆銮眉提出推广生态环境审判技术调查官制度“漳州经验”的建议。

如今，这项制度已在福建三级法院系统推广，全省先后两批共聘请240名专家组建闽东北、闽西南生态环境审判技术调查官库，其中蓝碳领域专家30余名。江苏、浙江、河北、河南、山西、重庆、四川等地法院也主动借鉴引入该制度。

“多年实践让我们清楚地认识到，制度再好，若不能有效兑现司法裁判，及时抚平生态伤疤，再美的蓝图也只是镜中花、水中月。”漳州中院生态庭一致认为，必须进一步树立蓝碳“司法+修复”的理念。

漳州中院会同专家探索总结出“山水林田湖草”类型修复模式16种，其中10种在个案中得到运用。“削填引种”矿山修复、“增殖放流”江河修复、“引流冲污”溪流修复、“海沙回填”海域修复入选福建省“十种修复模式”。

为确保修复模式落地见效，漳州中院还创新发出“土壤净化令”“水质净化令”等生态修复令状，将修复方案纳入被告人缓刑考验内容，用判决方式固定下来。缓刑期满后，法院与技术调查官及有关部门联合开展验收评估，实现生态修复闭环管理。

一项重要突破

红树林与海草床、滨海盐沼并称“三大滨海蓝碳生态系统”，能够捕获和储存大量碳。多年来，漳州法院生态审判团队时常与红树林打交道。

2023年7月，一起非法采矿刑事附带民事公益诉讼案件在云霄县人民法院开庭审理。庭审中，就本案非法采矿行为造成的生态资源损害修复，刑事附带民事公益诉讼被告袁某刚、晋某俊提交了第三方机构出具的红树林补植方案。生态环境审判技术调查官、厦门大学环境与生态学院教授陈鹭真对方案进行审查，并提出技术意见。

经法院主持调解，该案附带民事公益诉讼当事人达成调解协议，袁某刚、晋某俊向法院预缴生态环境损害赔偿费用 13.5 万元，款项用于委托第三方机构补植红树林，并在省级媒体上公开道歉。

“用最新方法学测算，这种补植方案预计未来 3 年可以增加 38 吨蓝碳碳汇量。随着红树林逐年增长，每年的生态效益还会逐年增加。”陈鹭真指出。

该案创新运用“造林增汇”蓝碳修复模式，通过委托第三方异地补植红树林，实现了替代修复的目的，成功入围新时代推动法治进程 2023 年度十大案例。

该案审结后，漳州法院生态审判团队对红树林卓越的固碳能力有了更加清晰的认识，这也为他们之后推动开发红树林碳普惠产品埋下了伏笔。

“‘造林增汇’模式毕竟受造林地点、种植技术等限制，难以在类案中推广适用。是否还有其他更好的办法……”大家一边总结办案经验，一边思考如何建构更具有普适性的修复模式。

◎云霄县人民法院在漳江口红树林国家级自然保护区科研宣教中心举行湿地司法保护示范点揭牌仪式

恰好蓝碳司法保护与生态治理机制被省委深改委确定为全省第一批“一市一试点”漳州的专项改革任务，这为法院推动政府部门开发本地碳汇产品创造了有利条件。

在九龙江入海口的甘文滩涂上，生长着一片450多亩的红树林，是我国第一批重点保护湿地之一，也是福建省面积最大、种类最多的红树林。2023年，漳州市林业局因地制宜将这片红树林纳入蓝碳开发范围。

针对红树林碳汇开发量化难、变现难等问题，漳州市林业局制定《漳州市红树林碳普惠方法学》，选取1700亩符合碳汇开发要求的红树林，聘请中国科学院城市环境研究所结合红树林的生态产品价值进行测算，测算出红树林的20年碳汇量约1万吨，每吨碳汇为1000元，可实现碳交易价值近1000万元。漳州由此成为全省首个开发红树林碳普惠产品的设区市。

此外，各部门还集思广益，提出了“专款专用”的办法。法院通过引导被告人委托第三方认购漳州红树林碳汇项目，依托地方财政“生态环境损害赔偿资金”账户科目，费用直接用于红树林营造及管护，构建起“主管部门开发—被告人认购—交易机构注销—政府统筹管理”的蓝碳生态产品价值实现体系。

2023年11月，在漳州中院审理的一起非法捕捞水产品刑事附带民事公益诉讼案中，同一司法鉴定机构就该案非法捕捞行为造成水生生物资源损害价值，前后做出两份数额差距较大的鉴定意见。漳州中院引入技术调查官参与案件审理，最终采纳鉴定机构的第二份鉴定意见，并对被告人进行专业解读，使其信服，主动要求履行修复义务。

“附带民事公益诉讼被告的非法捕捞行为，严重破坏了水域生态系统的稳定性和生物多样性，且无法进行原地修复。那么，采用何种替代性修复方式才是最恰当的……”，合议庭结合该案技术调查官的意见，分析增殖放流只对渔业资源进行修复，无法解决被破坏的水生生物栖息地等海洋生态环境修复问题。红树林有完整的生态循环系统，是近海鱼类的繁殖、摄食和庇护地，也是近海渔业的鱼苗库。鉴于漳州市已开发出红树林碳汇产品，该案可由被告人认购与受损生态环境价值等价的红树林碳汇并依法核销，相关费用进入红树林管理单位，用于补植管护红树林，维护生物多样性和海岸带生态系统的平衡。这样，“认购红树林碳汇”替代性修复模式应运而生。

该案中，附带民事公益诉讼被告委托福建海峡资源环境交易中心代为购买红树林碳汇，支付生态环境损害修复费用100.65万元，系全国单笔最大司法认购蓝碳案。

与此同时，针对海水养殖碳汇的探索也在紧锣密鼓进行中。在漳州中院、漳州市海洋与渔业局等部门的共同努力下，终于在生态产品价值核算和评价上找到了突破口，赋予碳汇资源产品属性，探索开发了“海水养殖碳汇项目”。具体而言，就是依托福建海峡资源环境交易中心进行交易，涉蓝碳案件当事人可以在该中心购买经核证的碳汇，并于交易完成后办理注销登

◎全国单笔最大的司法认购红树林蓝碳碳汇案庭审现场

记，为蓝碳生态价值实现开辟了一条新路径。

“这种模式很新颖，推行效果也相当不错！”漳州市海洋与渔业局海洋经济科科长蔡杨鹏说，推行不到一年时间，漳州已核算碳汇 24 万吨，价值约 1700 万元，并成为全国首个完成全市海水养殖碳汇核算及产品开发的设区市。

漳州中院创新提质的脚步从未停歇。针对生态环境损害修复资金到位难、到位慢等问题，在漳州中院指导下，东山法院与商业保险公司试点签订“蓝碳司法+保险+修复”协议，为 359 公顷珊瑚群落投保 100 万元。根据协议，保险期限内如相关区域发生生态环境损害，由保险公司先行垫付应急救援费用，最快速度让海底珊瑚礁得到有效修复。

作为漳州贯彻习近平生态文明思想的生动实践，蓝碳司法保护与生态治理机制已获最高人民法院、福建省委、福建高院、漳州市委充分肯定。

奋楫逐浪，向海而歌。随着福建吹响“向海图强”号角，海洋历史文化底蕴深厚的漳州敢为人先，漳州中院做深做实蓝碳司法工作，助力建设现代化滨海城市的心意更加坚定。未来，漳州中院将以提升生态系统碳汇增量为导向，持续创新，协同推进降碳、减污、扩绿、增长，为“海上福建”高质量发展书写法院答卷。

执笔人：戴玲玲、李菁、陈宇翔

情怀

绿色梦想，蓝色未来：新时代民营企业的绿色发展行动

福建省工商联

位于东南沿海的福建，翠绿的山峦与蔚蓝的大海交织成一幅动人的画卷。这里不仅展现生态文明之美，更是新时代民营经济强省建设的热土。在2023年省政协议政性专题协商会上，省委书记周祖翼指出，要“让民营经济像绿水青山一样成为福建的骄傲”。民营经济是生态文明建设的重要力量，福建省工商联作为民营企业家的“娘家”，在推动民营企业践行绿色发展理念，努力实现生态效益、经济效益、社会效益共赢中发挥着重要作用。

让绿色发展理念在民营企业中生根发芽

福建省工商联贯彻“信任、团结、服务、引导、教育”方针，在民营企业中持续播种绿色发展理念，开展生态文明建设、绿色低碳政策解读与宣传，促进减碳降碳技术经验的应用和推广，引导广大民营企业把握绿色发展的趋势和机遇，践行创新、协调、绿色、开放、共享的新发展理念，大力发展循环经济、绿色经济，加快发展资源节约型、环境友好型企业。

在走访过程中，我们发现当前民营企业绿色发展面临一些突出问题，比如企业污染治理设施建设运营资金保障压力较大、融资难问题依然突出、推动企业持续稳定加大绿色低碳技术改造的政策环境还不完善等。如何改变民营企业家的新发展理念，并解决他们融资难、融资贵的问题？作为民营企业

家的“娘家人”，省工商联充分发挥界别作用和系统力量，针对绿色发展瓶颈问题，推动企业家政协委员、工商联所属商会以及各级工商联积极开展调查研究、议政建言，以高质量参政履职推进企业绿色高质量发展，助力生态文明建设。

近年来，围绕民营企业科技创新，省工商联向省政协提交了数字赋能福建省民企制造“提智”增效、完善民营企业科技创新支撑体系、促进民营经济发展壮大助力全方位推进高质量发展、以民营制造业高质量发展推进福建省新型工业化等提案和协商发言；围绕生态可持续发展，提交了培育福建省绿色经济新增长点、用好武夷山环带“活水源泉”开辟福建省水饮新赛道等提案和协商发言；围绕社会贡献，提交了促进民营企业参与乡村生态产品供需对接、精准引导民营企业参与乡村振兴推动民营经济高质量发展等提案和协商发言，得到各级党委政府的重视和相关部门办理。政府支持企业绿色发展、企业践行绿色理念已成为共识。

为民营企业插上实现绿色发展梦的翅膀

省工商联搭建起产学研用的服务平台，将企业紧密相连，让他们能够及时地了解行业的最新动态，共同探讨绿色发展的宝贵经验，促进行业内的资源共享和信息互通。如今，这个平台在逐步发挥作用，如同春风化雨，滋润着民营企业的创新土壤，为他们营造了一个良好的环境，让他们在这片沃土上茁壮成长，共同创造一个更加绿色、更加可持续的蓝色未来。

2023 年，省工商联创新开展“八个一百”同心赋能促发展活动，围绕企业所需，对接科研资源，与中国科学技术大学、西北工业大学、南方科技大学、武汉纺织大学、中国科学院海西研究院等 8 家高校、研究机构确立对接合作关系，为省内民营企业开展专业项目合作、进行科技成果转化打通对接渠道。以“点菜式”清单的方式向商会、企业推送有关对接高校的 358 项科研成果，促成安踏集团与武汉纺织大学关于速滑服防切割面料，宁德时代新能源科技股份有限公司与中国科学技术大学关于硅负极新能源电池等项目合作。全省共有 95 家民营企业通过省工商联搭建的产学研合作平台与高校、研究机构达成科研合作项目 121 项。针对福建纺织鞋服企业数量众多、“数转智改”迫切的实际情况，邀请武汉纺织大学 20 多位专家在泉州、福州召开产学研对接会，赴 30 多家企业进行现场指导，促进院校与相关企业达成合作项目 28 项，以技术创新保障绿色发展。组织 225 家民营企业在院校召开校园招聘会，引导高校毕业生来闽就业；协调校方做好优秀人才举荐工作，为福建民营企业引入高校人才 107 名，其中博士生 57 名、硕士生 46 名，为企业发展提供有力的人才支撑。与省教育厅共同推动成立“海丝—智能建造产教融合共同体”，145 家企业、院校、科研机构共同构建产教融合新生态。省工商联开展产学研合作助力民营企业科技创新相关经验做法，获得全国工商联肯定和推广。

◎ 2023 年 12 月，福建省委统战部、福建省工商联、武汉纺织大学举办福建省现代纺织鞋服产业“数转智改”对接会

◎ 2023 年 10 月，福建省工商联、中国科学院海西研究院举办助力民营企业创新发展对接会

让民营企业绿色发展活力充分迸发

省工商联组织企业开展绿色发展培训，指导行业商协会制定绿色发展标准，引导企业按照标准进行自我提升，支持企业技术研发和创新转型。开展绿色发展有关课题调研，提出破除阻碍企业绿色发展意见建议，推动数字化转型、绿色化发展。

2023 年，省工商联深度参与省政协“实施新时代民营经济强省战略，推进民营企业创新转型”调研，深入全省 100 多家企业、商会组织，发放调查问卷 1200 多份，分析民营企业创新转型、绿色发展面临的困难与挑战，就加快推进民营企业创新转型提出了 11 条对策建议。2024 年，参与省政协“加快推进新型工业化，做大做强重点产业集群”调研，就发挥民营企业主体作用，做强做优战略性新兴产业方面提出优化服务保障、营造良好产业环境等建议。参与省政协“实施新时代民营经济强省战略政策举措落实情况”专项民主监督协商会，就支持企业创新、优化营商环境、民营企业规范治理等方面提出了对策建议。参加全国工商联民营企业绿色低碳发展大会，推荐福建绿色低碳发展的企业案例，学习交流各地绿色发展经验，加快形成绿色低碳生产方式。2024 年 6 月，与省科技厅联合出台《关于支持民营企业科技创新的若干措施》，围绕进一步夯实民营企业技术创新决策、研发投入、科研组织、成果转化的主体地位等方面提出十条政策举措，支持民营企业创新升级和转型。

为民营企业培树绿色发展标杆

标杆是最好的榜样，示范是最好的引领。省工商联多措并举，打造一批民营企业采用绿色工艺、生产绿色产品、实现绿色发展的典型案例，让企业学有榜样、行有楷模、赶有目标。

◎ 2023 年 7 月，省工商联赴三棵树集团开展绿色创新发展调研

宁德时代专注于新能源汽车动力电池系统和储能系统，在能源利用、生产制造、物流运输等多个环节进行创新和改造，“零碳工厂”获认证，展现了其技术领域的实力和环境保护的行动，为品牌形象增添了绿色、创新、引领的标签，入选标普全球《可持续发展年鉴（中国版）》。三棵树涂料股份有限公司践行绿色文化、打造健康标准、研发低碳产品、培育绿色供应链，通过技术创新打造“自主品牌”，率先在行业里制定超越国际标准的“健康+”企业新标准，实现健康升级，致力做世界级涂料企业。大东海集团是福建首家执行环保超低排放标准的钢铁企业，2020年被评为国家级“绿色工厂”。科华数据以获评国家级“绿色工厂”为契机，以科技赋能绿色发展，多项成果打破国外垄断。恒申集团通过打造化工、化纤及新材料一体化产业园区，打通资源内循环，不断“延链补链”，持续提升产业价值链，实现各方面资源的高效综合利用。永福绿能科技以“让绿色能源惠及千家万户”为使命，实现分布式光伏产品标准化生产、规模化开发……如今，在榜样的示范引领下，一大批企业通过各自的方式，展现了绿色发展成果，成为行业的标杆。

在履行社会责任中实现企业价值

新时代新征程，福建省工商联正引领着广大民营企业传承弘扬“晋江经验”和新时代闽商精神，在绿色发展的浪潮中成长壮大，在公益慈善事业中积极作为；推动企业家积极参与扶贫济困、教育支持、医疗救助等，以实际行动回馈社会，传递闽商大爱。

圣农集团独创“慈善捐赠、精准扶贫、乡村振兴、县域经济”四位一体的工业反哺农业新模式，因地制宜导入优势资源，让产业链有机嵌入帮扶村，兴办村办企业助力乡村振兴。春伦集团以“公司＋合作社＋农户＋标准”模式，推进农村资源盘活和再造，以茶产业为核心，出资兴修乡村道路、水利，注重挖掘当地的文化资源和景观特色，力求通过基地建设园林化，使农业种植和休闲旅游相互协调、相辅相成，打造乡村文化旅游产业，走出一条特色乡村融合发展道路。祥山大果油茶建立高产油茶林示范基地，打造健康油茶全产业生态链，充分发挥龙头企业辐射带动作用，带动 5 个相关专业合作社发展，为农村 3000 多人提供劳动就业岗位。据统计，2023 年福建省民营百强企业中，有 79 家企业参与污染防治，积极采用多种方式实现绿色可持续发展；78 家企业参与改善民生保障、促进产业兴旺、保护青山绿水，为乡村振兴助力。这些故事，是民营企业绿色发展的有力见证，也是民营企业履行社会责任的动人篇章，更是民营企业推动生态文明建设的生动缩影。在这个过程中，我们通过人民网、《闽商报》等媒体渠道，传播闽商故事，让更多人看到他们的努力和贡献，从而激发更多的社会力量投身公益慈善事业，共同推动社会的发展和进步。

绿水青山就是金山银山，这一理念为民营企业的绿色发展指明了道路，使得企业家们在保护生态环境的同时，探索可持续发展的新路径，让绿色成为企业发展的鲜明底色。我们将不忘初心，砥砺前行，通过政协平台资政建言，为营造企业绿色发展的良好政策和舆论环境而不懈努力。

“天育物有时，地生财有限。”生态环境没有替代品，用之不觉，失之难存。因此，我们将引导企业家们像保护眼睛一样保护生态环境，像对待生命一样对待生态环境，让绿水青山永驻人间。在新时代的春风中，我们将与民营企业家们携手并进，以绿色发展为笔，以创新为墨，绘就一幅幅生态文明建设的美丽画卷。

执笔人：林贤文

让武夷岩茶飘香世界

——我的茶之梦

吴志明

身为土生土长的福建人，我与茶有着不解之缘，无论身处何方，我的心始终牵挂着家乡的茶产业，尤其是那享有盛誉的武夷岩茶。我曾在宝洁公司担任中国媒介高级顾问，在广播电视、广告传播、新闻出版、文化创意产业等领域深耕多年，我用职业生涯所积累的品牌传播等方面知识，不遗余力地推动福建茶产业发展。2021 年 3 月，习近平总书记在福建武夷山考察调研时强调，要统筹做好茶文化、茶产业、茶科技这篇大文章。作为一名全国政协委员，我深知自己肩负的责任与使命，要为家乡的茶产业发展建言献策，让武夷岩茶飘香世界。

结缘茶乡，情系茶农

我与茶结缘，可以追溯到我童年时期。我出生在福建宁德蕉城区，一个盛产茶叶的地方。我的家人曾下放到宁德蕉城新楼村劳动，那里家家户户都种绿茶。儿时的我在茶园奔跑，深受茶香熏陶。在这样的环境下，我自然而然地感受到这片叶子的魅力，也爱上了淡淡的茶香和品茗时的恬静时光。

后来，我外出求学、工作，但无论走到哪里，总会带上几包家乡的茶叶，闲暇之余，泡上一壶，品味那份来自家乡的记忆，安顿自己的心灵。

茶，不仅成了我生活中的一部分，更是我情感上的寄托。

随着职业生涯的发展，我逐渐意识到，茶不仅是一种饮品，更是一种文化，一份产业。福建是中国的产茶大省，其茶叶历史悠久，品种繁多，品质上乘，享誉中外。茶叶也是乡村振兴中农民增加收入的重要途径。

在走访和调查中，我发现了武夷岩茶的独特魅力与巨大潜力。它作为中国乌龙茶的代表，与贵州茅台酒一样，都是在特定的地理位置、特殊的小气候环境和独特的非物质文化遗产工艺下产生的地标产品。它的品质卓越，文化底蕴深厚，然而其产值与影响力却与茅台酒相去甚远。这让我深感惋惜，也让我看到了武夷岩茶产业发展的巨大机遇。

深入调研，建言献策

作为一名全国政协委员，为家乡茶产业建言献策是我的职责；身为民建福建省委会主委，我理应发挥民建在经济界别的优势特色，推动武夷岩茶飘香世界。为了更深入地了解武夷岩茶产业的发展现状和面临的挑战，在近十年的时间里，我带领相关领域的专家学者、企业家，多次深入武夷山实地调研。在调研中，我发现茶企数量多、规模小，品牌不统一、知名度低，茶企间恶性竞争，一些茶企过度包装等，影响了武夷岩茶产业的健康发展。

我也在思考如何从贵州茅台酒的发展中吸取经验。贵州茅台通过整合资源、打造龙头品牌、上市融资等方式，实现了产业的快速发展和品牌的广泛传播。这让我深受启发，认为可以借鉴贵州茅台的成功经验，走出一条适合武夷岩茶头部企业整合重组上市的发展道路。

为此，我针对整合重组过程中可能出现的问题，提出了相应的解决方案和建议。

首先是股份占比分配问题。对头部品牌来说，股份分配问题与其利益息息相关。我建议将公司上市后前三年的实际销售额、市场占有率作为判定基础，通过专业的会计师事务所进行审计，按实际市场占有率来确定分配系数。整合重组三年后，根据每个股东的成长情况再进行一次调整，以达到公平公正地解决股权占比问题。

其次是茶叶的个性化问题。我曾经在宝洁公司担任中国媒介高级顾问，宝洁就曾处理过类似问题。因此我建议借鉴宝洁公司经验，采用母品牌和子品牌共同发展的策略，如将“大红袍”作为武夷山的代表品牌，授权给上市公司，同时保留参与重组茶企的原有品牌，通过双 logo（大红袍+原有品牌）的方式进行包装，以保持各茶企的个性化特色。当然，包装需经过上市公司统一审核，在保证食品安全的同时保留原有制作工艺（依旧由每家股东茶企负责生产加工）。

再次是食品安全监管问题。这让我想起了民建会员、福耀集团创始人曹德旺先生。曹德旺先生多次与我一同深入南平武夷山调研。他建议武夷岩茶企业和政府都要设立产品检测机构，确保岩茶的品质与食品安全，把货真价实、保证消费者健康作为底线和红线。2023 年 3 月，我牵头筹划组建的民建福建省委会三茶融合发展研究会在武夷山成立。该研究会致力于服务福建茶产业发展，为“三茶”统筹发展献计出力。曹德旺先生欣然接受了研究会的名誉会长一职。借鉴福耀集团的品控经验，我建议各家参与重组的茶企仍然可以保留原有的品牌，作为“大红袍”母品牌旗下的子品牌，依旧由各家茶企生产加工，最后将生产的成品存入上市公司总仓库的不同库区，由上市公司统一配送至全国“大红袍”连锁店，实现多品牌同时上架销售，解决过度包装、以次充好、“天价茶”等问题，不断提升市场占有率，并带动茶具、山泉水、南平农特产品等的销售。当市场份额达到 60% 或 70% 时，公司就可获得定价权，推动公司全面上市，实现高市盈率。

最后是如何解决重组后众多茶农茶企的就业问题。我提出的解决方案是，优先考虑已在武夷山注册的茶企、茶农加盟“大红袍”连锁店，以此来解决众多小茶企生存发展问题，同时为武夷山带来稳定的税收收入，实现多方共赢。

◎ 2023 年 3 月 26 日，民建福建省委会三茶融合发展研究会在武夷山成立

◎ 2023 年国庆节前，民建福建省委会举办三茶融合发展研究会座谈

逐步落实，未来可期

2024年初，在全国两会上，我提交了精心准备的《关于借鉴贵州茅台成功经验推进武夷岩茶（大红袍）资源整合上市的建议》提案，围绕“由谁主导整合重组上市”等问题，进一步完善了我对于武夷岩茶整合上市的建议。

一是资源整合与上市。借鉴贵州茅台集团的成功经验，通过政府引导和支持，推动武夷岩茶龙头企业进行产业链整合和重组，形成大型股份制公司，并积极推进上市进程。

二是统一营销平台。建立“武夷山岩茶（大红袍）专卖平台”，规范市场营销体系，并在国内外设立大红袍岩茶专卖店（连锁店），提升品牌信誉度和美誉度。

三是实施母子品牌策略。在保留原有品牌特色的基础上，统一使用“大红袍”母品牌，并允许股东的原品牌在产品包装上同时标注作为子品牌，以满足市场多元化和消费者个性化需求。

四是保证品质传承与创新。保留被重组茶企的山场茶园和传统制作技艺，确保产品品质与特色。同时，利用上市公司资源推动产品研发创新，促进“三茶”融合，提升消费者体验。

五是关注就业与培训。在上市公司扩张过程中，开放连锁店加盟业务，优先吸纳本地茶企从业人员，并提供必要的培训，确保行业平稳过渡和从业人员稳定就业。

六是制定标准与加强监管。联合相关部门和行业协会制定武夷岩茶的绿色环保标准和生产工艺流程规范，加强市场监管和认证工作，推动茶产业健康发展。

该提案提交后，得到政府相关部门及社会各界的广泛关注。相关部门对提案中提出的资源整合、上市策略等给予了高度重视，认为这对推动武夷岩茶产业的发展具有重要意义。不久前，我接到了南平市分管副市长的电话，邀我再次前往武夷山，就武夷岩茶的上市工作作进一步沟通深化和落实。

历经十载春秋，精心磨砺，这份与茶产业紧密相连的提案终于凝聚成了今日的共识。这一路走来，我深切领悟到，高质量的提案绝非朝夕之功，唯有矢志不渝地专注方能铸就。它要求我们深耕专业领域，深入调查研究，耐心倾听民众心声。正是这份对专业的不懈追求，对民意的深切关怀，才使得提案能够植根于现实，贴近民生，具有创造性、建设性、可行性。

身为福建儿女，我心怀一个悠长而炽热的“茶之梦”。如今，能够亲身参与并见证这一梦想的逐步推进落实，这不仅是对家乡茶产业的深情回馈，更是对自己多年来不懈努力的最好肯定。

作者系全国政协委员、民建福建省委会主委、福建省中华职教社主任

林玲　整理

三棵树：绿色引领未来，共谱美丽中国新篇章

洪　杰

绿色初心，矢志不渝

我自幼成长于绿水青山中，深受大树坚韧不拔、永远向上的精神的滋养，坚守做一份健康、环保、美好事业的初心。20 多年前，我放弃“铁饭碗”下海创业，开启追求“绿色”梦想的漫漫征程。

2002 年，涂料市场由外资品牌主导，国内虽然有 8000 多个厂家、1500 个品牌，但产品质量参差不齐，消费者很难找到健康环保的涂料。当时我就想，我们就是要做健康环保的产品，做民族的涂料品牌。

20 多年来，我们坚持绿色健康的产品定位。为了验证产品是否达到净味效果，我在自己的办公室进行施工实验，直接感受产品的真实效果。2016 年，我们率先制定“健康+”企业标准，以超越国际标准为目标，刷新全球涂料行业健康绿色新标准，将人们向往的健康生活照进现实。

2024 年全国两会期间，作为全国政协委员，我提交了《关于大规模启动家居焕新消费、扩大内需的建议》提案，提出在满足人民从“住有所居”向“住有优居”的追求转变上，以安全、智能、绿色和舒适为重点，推动内墙翻新服务标准化建设，支持品牌企业打造全国性家居焕新服务体系，用科技创新带来家居消费的提质升级。

绿色科技，创新驱动

三棵树涂料股份有限公司（以下简称“三棵树”）的科技创新，起步于一台 3000 元的二手反应釜。

1999 年，我重拾上学时所学的化工专业，向朋友买下一台反应釜，在只有 200 平方米的简易厂房里，通过无数次的尝试，研制出三棵树的第一份配方，所生产的白乳胶和万能胶，当年就创造出销售超百万元的佳绩。如今，这台锈迹斑斑的反应釜陈列在三棵树博物馆，见证着我们现代化、自动化、信息化的发展之路。

当前，世界百年未有之大变局加速演进，新一轮科技革命和产业变革深入发展。面临错综复杂的外部环境，我们坚定以科技创新主导技术突破的决

◎三棵树研发中心

心，坚持技术创新置于企业战略首位，加大科技研发投入与高端人才培养，聘请诺贝尔物理学奖得主安德烈·盖姆教授担任首席技术顾问，聘请中国科学院院士颜德岳为入站院士。

心无旁骛做实业，正是基于我们长期技术储备和创新理念。从国家认定企业技术中心、博士后科研工作站、院士专家工作站和 CNAS 国家认可实验室四大研发平台的建立，到国家“863”计划、省市科技计划项目等多项重要前沿科研课题的承担，再到超过 111 项国家、行业标准制定的参与，如今，三棵树拥有 760 多件授权专利，发表核心期刊论文 146 篇，并致力于科技成果转化，为民族涂料发展作出科技贡献。

绿色产品，健康之选

2024 年，围绕“健康”理念，我们推出全新进阶的广告语“三棵树　马上住　更健康的中国漆”，向消费者传递出三棵树将用更高标准、更环保的民族品牌产品，满足人民日益增长的美好生活需要。

“凡是空气接触到的地方都能用上三棵树”，这是我所期望的。2022 年，采用食品接触级创新配方的三棵树 BB 漆上市，创造健康无忧的家居生活环境；具有光催化功能的高科技墙清涂料系列产品推出，推动低碳涂料取代传统瓷砖石材；获评国际先进水平的小森板实木漆面板面世……我们正以健康产品守护着万千家庭。

作为中国奥委会官方涂料独家供应商，三棵树秉持绿色办奥理念，为国家跳台滑雪中心“雪如意”、冬奥专线京张铁路、延崇高速服务区、张家口赛区奥运村和古杨树场馆群等 10 多个冬奥相关项目提供健康产品及涂装保障。2022 年 2 月 2 日，我受邀出任冬奥会火炬手，参与冬奥圣火传递。这对我来说，是一份荣誉，更是一份对企业的肯定。

工业涂料是国防建设的重要物资之一，大力发展工业涂料产业也是国家战略储备的需要。2022年，三棵树工业涂料涂刷设计的“大圣”头盔，在北京冬奥会助力短道速滑运动员武大靖夺冠；2023年，“哪吒”头盔在杭州亚运会上助力中国国家自行车队夺金；2024年，中国国家自行车队运动员佩戴着“麒麟”头盔，以一抹“中国红”亮相巴黎奥运会。

立足“艺术漆、小森板、工业涂料”新三棵树健康产品优势，我们主动承担起产业报国使命，积极向汽车、光伏、风电等工业涂料细分市场进军，瞄准航空航天、船舶重防腐等高端涂料领域，打破外资垄断，为民族工业涂料注入新的活力，助力行业新质生产力的培育。

绿色工厂，行业标杆

绿，是三棵树的底色。“要建一座最生态的园子，要最大限度地保护这片土地的生态环境”，在三棵树总部生态园区筹建初期，我就坚持保留园区所在荔城区的这片百年荔枝林，让办公楼群为荔枝树“让路”。

◎三棵树醉美园区

◎三棵树安徽明光工厂鸟瞰图

现在，三棵树总部生态园区300多棵百年荔枝树与鸟鸣声、机器声和谐共鸣，花草树木、虫鱼鸟兽是企业的特殊“员工”。

众木成林、曲径通幽、水声潺潺、鸟鸣悠悠，三棵树在福建、四川、安徽、河北、湖北、河南、天津、广东、江苏等地建设的14个生产基地，如同一幅幅独特的园林画卷，并以国家级“绿色工厂”的身份，推动着企业向高端化、智能化、绿色化的供应链发展。

绿色供应链，全生命周期管理

三棵树建立了严格的绿色采购标准，与符合环保要求的合作伙伴建立长期合作关系，携手上下游企业制定涂料绿色供应链白皮书。

依托大数据管理，三棵树优化物流路径，降低运输的能源消耗和碳排放，使用新能源车辆；采用绿色环保仓储设施，严控用电能耗，有效收集储罐逸散的VOCs和颗粒物，大幅减少能源消耗和污染排放。搭建集信息化、数字化、智能化于一体的供应链管理平台，全面升级SAP、SRM、APS等智能制造系统，通过研发、产销、采购、物流等高效协同，实现智能生产与实时监控，提升精益制造水平。

绿色公益，共建美好家园

自2016年起，我们每年定向捐赠支持“一亿棵梭梭”荒漠植被项目，为阿拉善筑起长达800千米的绿色屏障，种植了超过255万棵梭梭树，总面积56349亩，实现固沙约2500万平方米，连续多年荣获“SEE杰出贡献奖”称号，向社会传递向上向善的正能量。

“树立天地，绿满世界”，我们还投身于大熊猫栖息地生态恢复、福鼎白茶园生态修复等多个公益项目，守护濒危动物，助力生物多样性保护；深度参与海洋生态保护工作，包括海龟的认养及放归等行动，共同致力于生态环境的改善与保护，为建设美丽地球家园贡献力量。

逐“绿”而行，向“新”发力，像树一样，永远向上。新时代新征程，三棵树正以坚定绿色的步伐向前迈进，为实现美丽中国、构建人与自然和谐共生的现代化社会贡献力量，书写属于三棵树新质生产力的绿色故事，绘就人民美好生活的绿色画卷。

作者系全国政协委员，三棵树涂料股份有限公司董事长，第十二届、十三届全国工商联执行委员会常委

宜绿则绿，宜建则建

因为复杂的地况和久远的历史，团队反复研究讨论应该用什么技术才能开展有效治理。有了初步方案后，我们聘请福建省地质工程勘察院对场地地灾治理进行可行性分析。省勘察设计大师赖树钦、岩土工程专家成永刚等多位专家学者进行了实地考察和论证。几经研讨，最终才确定了“宜绿则绿，宜建则建”的方案。区分不同地质区域的情况，采用回灌砂浆治理，或者混凝土及打桩等措施，分别形成可以安全利用的建设用地、绿化用地。技术上也综合了多学科的专业建议，采用灌注砂浆、钻孔高压注浆、土壤换填等方法对地面塌陷进行综合治理，并在此基础上进行分层碾压强夯、高压固结注浆，以保证地表整平。除了地面塌陷的综合治理，我们也在边坡支护、湖底防渗、场地复绿等方面，因地制宜、合理施策，覆盖面广而有效。

确定了治理方向，治理工作便如火如荼地开展起来。2012 年，我们首先启动了紫金山公园北部项目地块的综合治理和开发。当时，北部有大面积的煤炭采空沉陷区，地下治理完成后，我们在破损山体上重新构建起生态循环系统和优美景观，先将原矿区废弃煤矸渣土等进行改良，使之成为可种植绿化的有机种植土。随后保留山体的原生乔木，并根据规划保留或重新移植大树，以保证原生树种的延续与景观的重生，有效防治和减轻污染，让环境“改头换面”。

2014 年，项目区内首幅国有建设用地使用权公开出让，用地类型为住宅用地，面积 101 亩，成交总价超过 2.2 亿元，这标志着矿山治理与建设并举措施的成功。紫金山模式的成功，为龙岩市开展生态修复治理、节约集约用地做了一次有益探索，也成为龙岩的一张绿色新名片，让更多矿山生态恢复治理看到了新的希望。

初步的成功给了团队极大的鼓励，但其中艰辛也更让大家意识到矿山修复过程中存在的技术难点和技术支持的重要性。后续的治理过程中，我们不

◎紫金湖公园新旧对比

断加强与自然资源部科研实验室的合作，提供治理的实验场景做综合实验，让实验成果反哺到紫金山的地灾治理中。我们和自然资源部丘陵山地地质灾害防治重点实验室开展了多组世界首创的、人为诱导破坏的大型原位试验，将紫金山园区内高填方边坡作为现场实验点，开展强夯高填方边坡变形和承载力大型原位试验。与福建省地质工程勘察院联合发表英文论文 2 篇，申请国家专利 3 个。我们希望充分利用好紫金山矿山治理过程资料，留下更多经验、技术，供他人参考使用。

生活有温度，全民有乐处

望得见的青山、看得见的绿水、呼吸得到的清新空气，生态治理将矿山变成了绿水青山，但如何让这片土地真正“活”起来成了新的问题。难道只让它成为一道风景线？这显然不能体现它的价值。治理、建设、发展都是为了改善民生，让生活更加美好，我们希望这片土地的未来是幸福的，是有温度的。于是，我们投入了新征程——造有温度的生态新城，以绿水青山厚载城市美好生活。

紫金山是一个离龙岩城市中心仅 10 分钟车程的地方，大家都在思考：这么好的地段，这么优美的环境，生活应该幸福成什么样呢？那么，幸福的生活应该是什么样的？在调研中，我们发现对于幸福生活的需求五花八门，能总结出的一点是满足所有年龄段的需求，让幼有所学、壮有所长、老有所乐。对此，我们规划了从幼儿园到高中的校园，先行建成了幼儿园、小学、初中，让孩子得到好的教育，解决家长的后顾之忧；规划建设了多功能运动场、健身中心、星光里商业街、儿童欢乐园等全系生活休闲配套，满足日常运动、休闲需求；引进了龙岩市老年大学、人民医院紫金山分院，让老有所乐，健康有保障；打造了紫金湖公园、晴雪湖、花海公园、西溪公园等全民公园，让闲有去处，休闲有地方。

◎紫金山儿童欢乐园新旧对比

◎紫金山业主活动——彩虹跑

当然，有温度的社区生活不仅体现在硬件设施上，更多在于邻里间情感的交流。于是，我们萌发了打造龙岩第一个社群的想法。有人的地方就有江湖，有江湖的地方一定会有侠义之士！“侠”文化是中华传统文化的一部分。当今法治社会一切行为以法律为准绳，不存在小说里写的武林和江湖，但是“侠”文化中积极向上的人生观、急公好义的价值观，蕴藏在许多人的心底。我们希望通过“侠”文化把这些正能量激发出来，融入社区文化，融入社会主义核心价值观，引导业主向善向上、共建美好幸福的社区。于是，我们打造了“紫侠社群”，紫侠篮球社、紫侠艺术团、紫侠读书社、紫侠乒乓球社、紫侠跑步社等多种社团共同开展，丰富业余生活的同时不断增进邻里感情，不断增强社区居民的获得感、幸福感、安全感。特别值得一提的是，由我们主导，邀请业主自编自导的业主春晚，成了一年一度的社区大节日。同期有300多名演员参加，100桌宴席，营造了千名业主其乐融融过大年的祥和气氛，成为社区文化独树一帜的标杆。

如今，废墟般的矿区早已不见踪影，截至2024年初，占地8000亩的紫金山公园项目已修复开采面积4965亩，整理出绿地1700多亩、建设用地2094亩，边坡复绿700多亩，景观再造600多亩，人工造湖300多亩。一个美丽宜居、人与自然和谐的现代化社区在紫金山绽放。2019年，紫金山获评国家AAA级旅游景区，2020年获评全国最美志愿服务社区。

“人民对美好生活的向往，就是我们的奋斗目标。”新征程里，我们团队始终坚持以满足业主日益增长的美好生活需要为出发点和落脚点，打造有温度的幸福社区，营造和谐邻里的幸福生活。

作者系福建省政协委员、福建省工商联常委、紫金山公园投资集团有限公司副总经理

从福建走向世界的“幸福草”

林冬梅

通过菌草技术，中国给我们讲了一个伟大的故事，这个故事现在已经分享到100多个受益于这一创新的国家。在福建省点燃的火花已经显示了一个创新的潜力，如果将其善加培育和部署得当的话，就能改变世界各地人们的生活状况和改善他们的生计。

——第73届联合国大会主席玛丽亚·费尔南达·埃斯皮诺萨

2024年8月8日，以菌草技术援外为主题的电视连续剧《幸福草》在央视一套黄金档开播。该剧是继《山海情》之后，又一部集中反映菌草发展之路的现实题材影视作品，是中宣部、国家广电总局联合推出的“与时代同行·与人民同心”庆祝新中国成立75周年电视剧展播重点剧目。

高天厚土、大爱无疆。从《山海情》到《幸福草》，青青菌草栉风沐雨、漂洋过海、落地生根、茁壮成长，生动诠释了习近平总书记关于“人与自然和谐共生”“绿水青山就是金山银山”的生态文明理念，生动体现了党和政府致力于“构建人类命运共同体”的不懈努力。

甘为一棵“草”

菌草技术发明人林占熺是我的父亲，他出生于闽西连城县一个普通农民家庭。父亲从小割草放牛、挑柴担煤，读书后立志改变农村贫困落后面貌，1964年参加高考填报的志愿全部是农业院校。1968年12月，他从福建农学院农学专业毕业后，被下放到宁化县水茜公社洋城大队从事农业技术推广，1970年8月调宁化县革委会农林水组，1971年9月调到三明真菌研究所从事食用菌科研工作，直到1975年8月调回母校。这些人生经历为他日后发明菌草技术埋下了希望的种子，以草代木栽培食药用菌的设想在那个时候就已经萌发。

我在三明出生，当时母亲的工作单位还在龙岩雁石机械厂。由于父母两地分居，我很小就被送到外公外婆家抚养，一直到1978年6月母亲调入福建农学院，才又回到他们身边。

父亲调进福建农学院后，很快被派往洋坊教学农场任党支部书记，主持农场工作。其间，他大胆推行改革，在全省140多个国营农场中最早实行联产计酬包产到户责任制，农场财务当年实现扭亏为盈，改革经验在全国高等农业院校实验场工作会议上进行交流。

1983年3月，父亲调任学院机关第二党总支书记、生产处副处长、教学实验总场副场长，成为全院最年轻的中层干部。当时学校开始从三明迁回福州，金山新校区的建设正全面铺开，征迁工作、校园建设任务异常繁重。与此同时，福建乃至全国食用菌生产发展方兴未艾，其中福建省栽培香菇一年“吃掉”木材就达100万立方米以上，导致阔叶林资源锐减。“菌林矛盾”越来越突出，不少地方甚至无树可砍，制约了菌业生产的持续发展。正是在这种情况下，他开始利用业余时间进行以草代木栽培食药用菌的研究。

因陋就简、白手起家，父亲靠一根钢丝、20个试管、5万元借款搞科研。经过1000多个日夜的反复实验，1986年秋，野草栽培食药用菌的实验终获成功。1987年4月，这一技术发明通过专家鉴定，认为该研究成果为国内外首创，具有重要的应用价值和理论意义。菌草技术由此诞生。

菌草技术变“野草”为“山珍”，有效破解“菌林矛盾”这一世界级难

◎林占熺（前左中）、林冬梅（右三）在福建三明市泰宁县大田乡垒际村向国际培训班学员介绍菌草当地种植情况

题，开辟了一条不受林木资源制约的菌业可持续发展新路。这一发明很快引起国际社会的关注，先后获日内瓦第20届国际发明展金奖和日内瓦州政府奖、第85届巴黎国际发明展法国内政部和国土整治规划部奖。国际专业评委对菌草技术的评价是："为人类提供优质菇类食品和为畜牧业提供优质饲料开辟了最合理最经济的新途径。"联合国粮农组织专家考察后认为："在新世纪，运用菌草技术发展菌草业将成为发展中国家保护生态环境、增加就业、消除贫困的重要途径。"中共福建省委原书记、中国扶贫基金会首任会长项南认为"这是一项具有全球意义的技术革命"。

菌草技术发明成功后，父亲开始了坚定又艰辛的人生转向，他希望能在技术创新上不断突破超越，同时让这一技术更好地造福于民。

我从小学四年级到高中都是在福州就学，在我的记忆中，父亲没日没夜地奔波劳累，是个典型的“工作狂”。他也深深地影响到我的人生道路，我在高中弃文从理，并且于 1992 年报考厦门大学生物系微生物专业，后又前往新加坡国立大学学习。新千年开启，菌草技术国内扶贫和国际援助任务日益繁重。看着年事渐高、日夜操劳的父亲，2003 年 7 月，我毅然放弃了新加坡的工作与永久居民身份，回国加入菌草技术团队，与草结缘，成为一个地地道道的“草民”。

可喜的是，在各级各部门的关心支持下，从父亲“单打独斗”开始慢慢成长起来的“草民”队伍，如今已拥有科研和技术推广专业人才 100 多人，成为一个富有凝聚力、战斗力、创新力的团队。而国内外的“草粉”“草迷”更是数十万计。更为可喜的是，习近平同志在福建工作期间批示组建的菌草科学实验室，如今已发展成为科技部、国家发展改革委、教育部下属的三个国家级科技创新平台，引领世界菌草科学技术创新发展。

40 年来，菌草技术不断深化发展，从利用野生草种拓展到人工选育的高产高效优良品种，从以草代木栽培食药用菌拓展到菌草生态治理、饲料、肥料、生物质能源与材料等领域，形成系列综合配套的技术和产业发展体系，开辟了菌草科学研究应用的新学科和新领域。

扶贫“致富草”

按照父亲的不变初心，菌草技术首先应用于扶贫。1987 年 5 月，福建农学院为宁德县老区办举办菌草栽培食用菌培训班，随后在该县进行以草代木栽培香菇试验获得成功。同年，福建各地菇农自发引进菌草技术，示范生产香菇、木耳、金针菇等 30 万筒（袋），效益显著。

为了加快菌草技术推广，1988 年开始，父亲选择全国重点林业发展县尤溪县作为示范县，采取“技术培训、示范生产、驻点指导”等方法，一家一户进行动员。当地菇农从来没听说能用野草栽培香菇，都表示怀疑。为解除菇农的顾虑，他向菇农承诺“亏了我全赔”。最终有 37 户菇农参加生产。

从此，在半年多的时间里，他奔波于福州与尤溪，对菇农进行“人盯人、面对面、手把手”地全程技术辅导。经过努力，当年 37 个示范户示范生产栽培香菇 5.23 万筒，全部获得成功。第二年，选择种菇的农户增加到 4236 户，遍及 14 个乡镇 112 个村，当年生产食用菌 584 万筒（袋），增加收入 899 万元。

尤溪菌草技术推广的成效引起了福建省和国家科委、中国扶贫基金会领导的重视。“尤溪效应”产生了，从 1990 年到 1995 年，菌草技术先后被福建省政府列入为民办实事项目和科技兴农计划，被国家科委列为国家级星火计划重中之重项目，被中国扶贫基金会列为技术扶贫首选项目，开始从一家一户的直接推广方式转变为有组织地整村推进。据省直有关部门统计，5 年间仅福建省累计菌草栽培食用菌示范生产就达 12.39 亿筒（袋），增加产值 22.46 亿元，节约阔叶树材 51.26 万立方米，增加就业 49 万人，取得了显著的经济、社会和生态效益。

1995 年 3 月，陕西汉中地区组团赴闽考察。当年 5 月，由福建农业大学（福建农学院于 1994 年 1 月更名福建农业大学；2000 年，福建农业大学与福建林学院合并为福建农林大学）派出菌草技术人员到汉中举办了 173 人参加的菌草技术骨干培训班。此后，菌草技术在全区 11 个县（区）的 82 个乡镇 331 个村推广，栽培品种以香菇为主，同时发展凤尾菇、毛木耳、金针菇等，到 1999 年共栽培 2038 万筒，鲜菇总产量 2649.48 万千克，新增产值 5248.35 万元，农户纯收入 2414.24 万元。

为了加快中国贫困地区脱贫致富步伐，1995 年底，中国扶贫基金会在福建农业大学菌草研究所设立“八七培训基地”。该基地为全国 31 个省（自治区、直辖市）391 个县（市、区）举办了 110 期菌草技术培训班，培养 6549 名技术骨干。

1997 年，菌草技术被列为闽宁对口帮扶协作项目。父亲到宁夏实地考察后，确定了在彭阳开展菌草技术示范推广的技术思路。当地有不少废弃的窑洞，采用“窑洞栽菇法”，可以克服西北冬季低温度、低湿度的环境条件，实现周年栽菇，生产反季节菇类食品。第一年，彭阳县古城镇小岔沟乡 27 户示范户均获成功，每户种植平菇收入达 2000 元以上，最高收入达 1 万元，比他一年辛勤种植 27 亩小麦的收入还要高。

第二年，在闽宁村（现闽宁镇）建菌草技术扶贫示范基地。父亲带着技术员，在闽宁村一间不足 15 平方米的旧车库安营扎寨。当时的闽宁村是一个建在荒漠地上的生态移民村。针对当地“地上不长草，天上不见鸟，风吹石头跑”的自然条件，父亲指导当地农民在荒漠地上建起一米深的半地下式菇棚，选择了农户容易掌握、市场潜力大的双孢蘑菇作为主要栽培品种。为了让当地群众尽快掌握新技术，他们将技术简化再简化，让农户“一看就懂、一学就会、一做就成”。为了解决农户的后顾之忧，他们破例签下特殊

◎ 2021 年 3 月，林占熺在宁夏永宁县闽宁镇园艺村指导温室大棚菌草育苗管理工作

协议，承诺不但无偿提供专利技术，而且产品包销。当年发动的200户农户参与蘑菇生产均取得成功。

2003年，宁夏回族自治区将菌草业列为千村扶贫开发工程的重要产业。在闽宁两省区领导的关心支持下，菌草技术向宁夏南部山区大面积推广，高峰时发展到5000多户，兴建菇棚5000多个，棚均收入4000元左右。闽宁镇大力发展菌草产业，至2007年，全镇建成并投入生产的菌草菇棚513栋，种植面积达18万平方米，平均每栋标准棚收入5000元，农户收入最高达6万元。

从1997年到2011年，闽宁对口帮扶菌草项目在宁夏回族自治区15个县实施。据宁夏扶贫部门统计，累计新增产值2.67亿元，增加就业2.28万人；培训菇农4.85万余人次，受益农户1.75万户；菇农年均收入6000多元，最高收入10万元。

由于菌草技术扶贫项目在宁夏带动一大批农户走出了贫困，宁夏回族自治区领导将“菌草技术扶贫　造福贫困百姓”的牌匾送到福建农林大学。菌草技术帮扶宁夏模式被国务院扶贫办选为扶贫案例。

从2001年开始，菌草技术又先后被列为福建省智力援疆、科技援藏、帮扶黔西南项目。目前，菌草技术已在全国31个省（自治区、直辖市）500多个县推广应用。据不完全统计，至2021年，在省外培训的技术人员、扶贫干部和示范生产户达10万多名。国家菌草工程技术研究中心与全国14个集中连片特困区和贫困县共建菌草技术扶贫示范点71个，为服务脱贫攻坚作出了积极贡献。

生态之“贫”与经济之“贫”犹如一对孪生兄弟相伴相生。菌草技术因保护珍贵的森林资源而发明，此后，利用这一技术治理大地山川的脚步从未停歇。30多年来，菌草技术团队在产业扶贫的同时，先后在福建、江西、西藏、新疆、广西、云南、贵州等地和沿黄河九省区，开展利用菌草治理水土流失、治理荒漠、防沙固沙、治理盐碱地、治理石漠化、治理砒砂岩、治理洪积扇、修复矿山、滨海防风固沙的系列试验示范，攻克了一个个世界级难题，取得了系列创新成果，开辟了菌草生态治理和菌草新型产业高质量发展新途径。

岁月流转，不变的是山海情深。如今，菌草技术团队仍然奋斗在大江南北，奋斗在西部大开发和各地乡村振兴主战场。

援外“中国草”

1994 年，菌草技术入选“南南合作”项目，被联合国开发计划署列为“中国与其他发展中国家优先合作项目”，之后又被外经贸部列为援助发展中国家技术培训项目。1997 年起，菌草技术先后被列为我国援助巴布亚新几内亚、南非、卢旺达、莱索托、斐济、中非等国项目。菌草技术团队不辱使命、勇担重任，用拼搏奉献谱写出一曲曲感人肺腑的国际主义之歌。菌草也因此被国内外誉为“幸福草”“中国草”。

菌草技术开启援外之路的第一站是巴布亚新几内亚。1997 年，应巴新东高地省邀请，父亲率专家组在异常艰苦的环境下推广种草栽菇，实现当地食用菌栽培“零”的突破，还创下巨菌草每公顷年产鲜草 853 吨的世界纪录。他们还把旱稻技术传播到当地，结束了当地不能生产稻米的历史。为此，东高地省多次举办盛大庆祝活动，升起五星红旗，奏响中国国歌，掀起了一股“中国热”。菌草技术项目的成功实施，促成了福建省与巴新东高地省结为友好省。2018 年，习近平总书记访问巴新前夕，在巴新主流媒体发表署名文章，称菌草旱稻项目已经成为“中国同巴新关系发展的一段佳话”。

在南非，父亲带领我们从 2004 年开始在夸纳省开展菌草技术基地建设与产业化扶贫。为了确保菌草技术进村入户、落地生根，我们因地制宜、由繁入简，将国内精准扶贫经验成功应用到国外，推行技术本土化、人员组织化、方法简便化、生产标准化、产业系统化。如“10 平方米菇场”，只需要

◎ 2004 年 7 月，南非夸纳省山区贫困单亲母亲喜收菌草平菇

◎ 2019 年，林占熺在卢旺达指导当地农户菌草种菇

10平方米土地就可年产1.2吨鲜菇，实现千家万户参与发展。同时，创建了"基地+旗舰点+农户"的模式，在南非夸纳省建起了32个菌草旗舰点，让成千上万贫困农民学到菌草技术，在短时间内脱贫致富。南非总统办公室调研后得出结论：菌草项目是南非影响最大、扶贫效果最好的项目，是中南合作的典范。

在卢旺达，福建农林大学菌草团队与卢旺达农业部合作开展菌草扶贫项目，后又承接中国援卢旺达农业示范中心项目，从勘探、设计、施工到运营，持续在当地工作19年。通过菌草技术培训、示范与实地指导，菌草团队扶持了70多家相关企业，整个产业链带动3万多人就业增收，成为破解当地发展难题的突破口和新路径。菌草技术快速改变了当地菇类生产模式，菌草菇产品销售到乌干达、布隆迪等周边国家，在非洲中部形成一个新兴生态型产业。我们还针对卢旺达的国情和发展之需，开展尼罗河菌草生态治理科学研究。菌草生态治理技术因此被卢旺达政府列为国家水土流失治理重点项目。

在斐济，2014年中斐两国签署援助菌草项目协定后，我们攻克斐济气温偏高不利菌菇生长等难题，成功生产出菌草菇，结束了斐济不能生产食药用菌的历史。同时，引进菌草饲料生产设备，推动当地畜牧业发展。菌草技术在斐济实实在在造福当地人民，成为当地最受瞩目的农业国际合作项目，为南太平洋海岛国家发展高产、优质、高效、生态、安全的三物农业树立了样板。2019年，菌草技术被列入《楠迪宣言》，作为重点科技项目在南太平洋岛国进行推广。目前，菌草技术已辐射到周边岛国。

在中非共和国，总统图瓦德拉盛赞菌草技术是一项具有革命性的技术。2019年，他为我们颁授中非共和国国家勋章。

通过国际合作和援助，我们已在巴布亚新几内亚、南非、卢旺达、莱索托、斐济、中非、巴西、马来西亚、泰国等17个国家建立菌草技术示范培训中心或产业发展基地。在国内外举办了341期菌草技术国际培训班，为

107 个国家培训学员 14000 多名。他们成为中外友谊和国际菌草事业发展的参与者、传播者。

种“草”联合国

2015 年 9 月，中国国家主席习近平出席联合国成立 70 周年系列峰会期间，宣布了中方帮助发展中国家落实 2030 年可持续发展目标的重大务实举措，设立了中国—联合国和平与发展基金。

2017 年，菌草技术被列为中国—联合国和平与发展基金重点推进项目。那年，我和父亲两度走进联合国总部推介菌草技术。

2017 年 5 月 26 日，由中国常驻联合国代表团与联合国经济社会事务部共同主办的中国—联合国和平与发展基金菌草技术项目启动研讨会在纽约联

◎ 2017 年 5 月 26 日，林占熺在中国—联合国和平与发展基金菌草技术项目启动研讨会上演讲

合国总部召开。中国常驻联合国代表刘结一大使，中国—联合国和平与发展基金指导委员会主席、联合国秘书长办公室主任维奥蒂，有关国家常驻联合国代表，以及联合国粮农组织、环境规划署等国际组织代表和各国常驻团官员等共100多名嘉宾出席。

刘结一大使在致辞中指出：菌草技术项目是基金重点关注和推进的重要项目，紧扣发展中国家普遍关心的消除贫困、减少饥饿、可再生能源利用、促进就业和应对气候变化等问题，结合非洲、亚洲等发展中国家具体国情和需要，积极贡献“中国方案”，帮助发展中国家破解发展难题，全面落实2030年可持续发展议程，推进全球发展事业。

联合国秘书长办公室主任维奥蒂表示，菌草技术在斐济、南非等多个发展中国家成功落地，对提高有关国家粮食安全保障、改善民众营养水平、实现农民增收发挥了重要作用，带来了广泛的经济、社会和环境效益。下一步，可在联合国科技创新促进可持续发展多利益攸关方论坛等机制下推广菌草技术项目，更好地造福发展中国家民众。

与会代表在发言中表示菌草技术源于中国，但为全球范围实现可持续发展目标作出了重要贡献，并表达了积极开展合作、在本国推进菌草技术项目的积极意愿。

我们为这次会议精心准备了展板和材料。在研讨会上，父亲作“执行2030年发展议程：增强发展中国家运用菌草技术发展可持续农业减轻贫困和促进生产性就业的能力”专题讲座，受到热烈欢迎。

2019年4月18日，联合国组织召开中国菌草技术高级别会议，我们第三次来到联合国总部。父亲在会上作了主旨发言。

应联合国邀请，中国农业农村部副部长屈冬玉、福建省副省长郑建闽和福建农林大学校长兰思仁分别率团参加了会议。出席会议的有第73届联合国大会主席埃斯皮诺萨、联合国秘书长办公室主任维奥蒂、联合国经济和社会事务部副秘书长刘振民、中国常驻联合国代表马朝旭，以及老挝、斐济、巴布亚新几内亚、中非等29个国家及有关国际组织代表约200人。

会议由联合国首席经济学家哈里斯主持。第73届联合国大会主席埃斯皮诺萨致开幕词，他说："我很高兴见到这项技术发明人林占熺教授，我们在联合国视你为学术卓越典范，并在真实改变人们的生活。""菌草技术项目为实现多个联合国可持续发展目标作出重要贡献，包括消除贫困、清洁能源、性别平等和维护生态多样性等，菌草技术为发展绿色经济树立了榜样，为当地青年创造了绿色就业的机会，是推动'一带一路'沿线国家农业合作的重要实践……"

通过联合国这一平台推广中国技术、讲好中国故事，国际菌草产业发展之路越走越宽广。

2024年8月21日，中国常驻联合国代表傅聪在联合国安理会举行的预防冲突公开辩论会上，以菌草为例强调预防冲突要坚持发展优先。傅聪在讲话中分享了两周前同联合国秘书处高级官员一道赴卢旺达和坦桑尼亚考察菌草项目的经历。我和父亲有幸参加了此次考察活动。

傅聪强调，菌草技术是中国—联合国和平与发展基金框架下的优先项目之一。这一技术以适应性广的草本植物为依托，帮助农民快速投入菌菇、畜牧等具备更高附加值的产业，目前已推广至全球107个国家，带去了解决贫困、粮食安全、就业问题的希望。一株菌、一棵草虽小，但意义重大，它象征的是中国人民在减贫脱贫事业中探索出的成功实践，是中国以实实在在的行动，支持全球南方实现可持续发展的缩影。

寄语"幸福草"

2021年，国家国际发展合作署和福建省政府决定共同举办一次国际论坛，以回顾总结菌草技术援外历程，推动全球菌草事业发展。为了协助做好这次会议，菌草技术团队全体动员，从年初就开始行动，有关人员在会前一周就赶赴北京，协助做好会场专题展览布置和材料准备等工作。

2021年9月2日上午，“菌草援外20周年暨助力可持续发展国际合作论坛”在北京成功举办。国务委员、外交部部长王毅宣读国家主席习近平贺信并作主旨讲话。国合署、中央外办、外交部、商务部、农业农村部、国家林草局等有关部委领导，60多位驻华使节、国际组织驻华代表，以及菌草产业代表等共计150余人出席论坛。福建省副省长郭宁宁出席活动并致辞，省外办主任王天明、省农业农村厅副厅长梁全顺、福建农林大学校长兰思仁、省对外友协副会长罗冠升等参会。

习近平主席在贺信中指出：菌草技术是“以草代木”发展起来的中国特有技术，实现了光、热、水三大农业资源综合高效利用，植物、动物、菌物三物循环生产，经济、社会、环境三大效益结合，有利于生态、粮食、能源安全。我长期关心菌草技术国际合作，2001年中国首个援外菌草技术示范基地在巴布亚新几内亚建成落地，至今这一技术已推广至全球一百多个国家，合作紧扣消除贫困、促进就业、可再生资源利用和应对气候变化等发展目标，为促进当地发展发挥了重要作用，受到发展中国家普遍欢迎。

习近平主席贺信强调：中国愿同有关各方一道，继续为落实联合国2030年可持续发展议程贡献中国智慧、中国方案，使菌草技术成为造福广大发展中国家人民的“幸福草”！

国务委员、外交部部长王毅在讲话中指出：习近平主席专门向本次论坛致贺信，充分体现了对菌草技术国际合作的高度重视。20年前，习近平主席在福建工作期间，推动菌草技术援助项目在巴布亚新几内亚落地，掀开了菌草技术国际合作的序幕……菌草技术是中国在推进减贫脱贫过程中摸索出的一项成功实践，也是中国助力全球可持续发展所作出的一项重要贡献。习近平主席在贺信中已经就菌草技术国际合作指明了方向。我们将根据习近平主席的指示精神，进一步深化互利合作，让菌草成为更多发展中国家民众的“幸福草”“致富草”。

国家国际发展合作署署长罗照辉在致辞中说：今天我们谈论的主角是菌草，相信对大多数人来说，这个名字既熟悉又陌生。熟悉的是菌草的功能和效用，陌生的是它的前世今生。20年前，时任福建省省长的习近平主席作出重要批示并推动，使菌草技术作为官方援助项目首次在巴布亚新几内亚落地。以此为发端，菌草带着中国人民的大爱和慈悲奔向世界，从南太到非洲，从南亚到拉美，再到联合国舞台，开启造福人类之旅。正是在习近平主席持续推动下，20年来菌草技术助力扶贫、生态环境保护和可持续发展，把财富和希望带给各国人民，成为同杂交水稻比肩的中国援外扶贫“金字招牌”，受到热烈追捧……

会议结束后，中外嘉宾参观了专题展览，展板前两株郁郁葱葱的高大菌草格外引人注目。

创新无止境，菌草事业发展永远在路上。发展菌草业，造福全人类，这是我们的不变初心和永恒追求！

作者系福建农林大学菌草与生态学院副院长、国家菌草工程技术研究中心副主任、农工党福建农林大学主委

绿色动能驱动　护卫绿水青山

——德化县循环经济发展模式的探索与实践

德化县政协

德化作为中国重要的陶瓷产区，是全国最大的陶瓷工艺品生产和出口基地、全国最大的陶瓷茶具和花盆生产基地。德化瓷作为古代“海上丝绸之路”的重要输出商品之一，在促进中西方文化交流方面发挥了关键作用。习近平同志曾于1996年、2001年两次深入德化视察，并作出了“紧紧抓住陶瓷这一支柱产业，结构调整要围绕特色来优化，并不断向工艺县发展”“精美的瓷器做出来、摆出来，还要传出去”等重要指示要求。

20多年来，德化始终坚定不移地沿着习近平总书记指明的方向奋勇前行，精准把握新发展阶段，深度贯彻新发展理念，聚焦落实新质生产力，持续推进能源革命、窑炉革新、资源再生、绿色园区建设，成功开辟出一条县域循环经济发展的崭新路径。

德化现有陶瓷企业4000多家，陶瓷从业人员达10多万人，占全县常住人口的三分之一。2023年，德化县陶瓷产值达到577亿元，同比增长14.9%，蝉联福建省经济发展“十佳”县，成为福建省首个县域循环经济试点县，陶瓷产业园区成为福建省首个国家循环化改造示范试点园区，县域循环经济发展模式被列为全国12个区域循环经济典型模式案例之一。

查与思考》《节能减排　资源再生　发展循环经济》《做好生态资源　建设生态文明》等10多篇的视察调研报告，多角度、全方位为陶瓷产业高质量发展、护卫绿水青山献计献策。

2003年，德化县引进并建设了全省首个LNG（液化天然气）供气站，开启了从以电代柴到以天然气烧瓷的第二次“能源革命”。2022年12月，海西天然气管网德化支线工程投产通气，仅用一年半时间便完成建设，彰显了企业对清洁能源的迫切需求。福建省德化协发光洋陶器有限公司负责人郑富垚表示：“天然气成本占总成本的20%左右，德化支线开通后，用气成本大幅降低，一年可节省300多万元。”德化县发改局副局长徐登山认为，天然气长输管道的开通，对优化能源结构、降低成本、提升产品竞争力具有重要意义。

德化人始终致力于陶瓷业节能技术的探索。县科技局副局长林晓菁介绍，德化每年投入2000万元，奖励陶瓷产业的科技创新。值得关注的是，微波辅助电气烧瓷技术的应用，正预示着德化即将迎来第三次“能源革命”。

如今，德化县90%的陶瓷企业采用电能和液化天然气，10%使用液化石油气和柴油，实现了陶瓷生产能源的清洁化。全县达成“千家企业无烟囱”的目标，成为全国首个无黑烟污染的陶瓷产区，同时也是福建省第一批国家级生态文明建设示范县之一。

窑炉革新：绿色动力推动产业升级

随着能源结构的转变，窑炉技术的创新势在必行。自20世纪70年代起，德化窑炉技术历经“以电代柴”“以油代电”“以气代油”三次重大革新，不仅解决了“林瓷矛盾”，守护了绿水青山，更为陶瓷企业注入了“绿色红利”，推动其快速发展。

面对原材料涨价、汇率波动、出口退税率下调、技术壁垒等挑战，德化众多陶瓷企业各展所长，不断试验改进，推出了一批高效、节能、环保的新型窑炉，掀起了新一轮窑炉技术改造热潮。2023年，德化县规模以上工业增加值能耗为20.4万吨标煤，同比下降40.3%，单位增加值能耗下降44.20%，下降率位居泉州市各县（市、区）首位。

“在800℃以下，我们使用铁铬锂电炉丝；800～1200℃，采用硅碳棒；1200℃以上，则切换至U型硅钼棒。”成立于2003年的德化儒苑礼品有限公司，长期从事工艺陶瓷、日用陶瓷的生产，对窑炉的要求很高，以往陶瓷产品的烧成温度控制依赖于烧窑师傅的经验和“照仔孔”观察。如今，公司创新的全自动控制电热高温隧道窑技术，不仅操作便捷，无须人工调控，其最高烧成温度可达1450℃，温度控制精准，产品质量高，窑体寿命更长。

在德化兆丰瑞宝陶瓷有限公司，一条50多米长的电热隧道窑高效运转，每8小时可烧制1.5万件产品。公司负责人邱志琛表示：“我们选用节能材料，并设计了高温尾气抽回利用的窑炉改造，大大提升了能效。”

“与旧式相比，40米长的隧道窑每天天然气消耗量降低50%，温差控制在±2%，成品率显著提高。”德化华夏陶瓷有限公司总经理刘友展示了新式天然气隧道窑的节能成果。通过引进德国空燃比例阀装置，公司实现了天然气的充分燃烧，提高了节能效率。

德化隆南陶瓷有限公司的电气混烧窑同样引人注目，总经理李文溪介绍：“1200℃以内用电烧，高温段加入少量天然气混烧，既满足生产需求，又控制了成本。”两条50米长的电气混烧窑，每年为公司节约成本20万至30万元。

每一次窑炉改造，都是德化窑炉技术革新的里程碑。这些革新不仅实现了节能减排，降低了企业成本，还推动了陶瓷产业的可持续发展。德化成为全国首个实现窑炉技术革新的陶瓷产区，构建了“以林养水、以水供电、以电促瓷、以瓷带动”的生态与产业良性循环发展模式。

◎节能环保的电热隧道窑高效运转

变废为宝：绘就循环经济新画卷

“一般品质的石膏模具使用寿命仅约200次，每年我县陶瓷企业淘汰的石膏废料在2万吨以上，且呈每年15%的增长态势。”德化福昌陶瓷有限公司的林燕成说道。往昔，德化县众多陶瓷企业处理石膏废弃物的方式，除了填埋，便是进行简单的初加工再利用，石膏废弃物的回收再利用市场尚处空白。瞄准这一发展契机，林燕成积极与高校合作，破解工业石膏循环利用难题，创新了再生循环利用技术，大大降低了对环境的污染。

多年来，德化县积极引入和消化吸收国内外先进的节能降耗、清洁生产技术，凸显企业的创新主体作用，开展循环经济关键技术研发攻坚。如今，德化县的陶瓷工业已成规模，高岭土、铁矿石、石灰石等丰富的矿产资源也成就了德化的原材料工业。曾经漫山遍野的工业废渣，现今化作了能够重新利用的资源。

据估算，德化县当下全年产生的废陶瓷、废瓷片及废瓷土约为3.84万吨，回收利用的达3万吨，可节约300多万元；回收废石膏模具18万吨，可节省4800万元；废纸屑、废塑料等年产生量约4万吨，回收再利用可创效益4500万元。目前，全县有数十家专营废物再资源化的企业，形成了“静脉产业”。

德化县推动循环经济关键节点技术突破，科学编制《德化县推进县域循环经济发展规划》，配套出台《德化县发展循环经济实施意见》，强化经济结构调整和产业布局优化。全县危险废物安全处置率达100%，在发展循环经济、提高经济效益和资源综合利用率的同时，有效守护了生态环境，走出了一条经济、社会、生态“三赢”的发展之路，绘就了循环经济的新画卷。

“三生融合”：铸就产业园区新辉煌

在德化县，产业园区的建设不仅仅是厂房的聚集，更是一条产业链的完整呈现，是一个产业社区的生动实践。近年来，德化县工业（产业）园区转型升级，持续推动生态、生产、生活“三生融合”的德化3.0版工业（产业）园区发展模式，塑造了陶瓷千亿元产业集群的发展引擎。

据德化县陶瓷产业园区管理委员会副主任曾全固介绍，德化县结合陶瓷产业发展实际与特色优势，坚持“招大引强”与“延链补链”相结合，明确园区业态定位，细化招商方向，通过政策扶持和要素保障，吸引优质企业入园，推动园区标准化建设提能增效。

“我们不断强化公司的技术研发基础和能力，科研发明多项陶瓷机械设备成果，拥有发明专利5项、实用新型专利65项。”丰弘机械公司负责人徐智强说道。丰弘机械是园区招引的众多“潜力股”之一。为满足区域内原有企业增资扩产的需求，德化县在城东四期古洋片区规划建设陶瓷机械制造产业园，发挥丰弘机械等专精特新企业的龙头作用，在周边招引唐硕等30个具备新技术、新工艺的自动化、智能化、数字化日用陶瓷机械智造生产线、5G车间、智能工厂，助推企业“老树发新芽”，推动陶瓷产业智能化转型升级。

德化的陶瓷企业和工业园区大多是利用荒山山地开发建设的“工业梯田”，在大力发展陶瓷产业的同时，保护了宝贵的耕地资源。

“原有企业经营不善，致使土地成为低效率、低产出、低贡献的工业用地，一度浪费了这‘黄金地段’。”鹏翔科创园项目负责人曾秋明介绍，通过对土地进行优化提升，充分盘活土地，土地利用率由35.3%提高至100%，

◎世界瓷都德化勇立潮头、扬帆远航

进一步提高了工业用地的集约利用水平。

“平地起高楼”，在盘活低效用地的同时，德化县高规格打造优质产业社区，提供“一站式”配套服务，启动总投资172亿元的包括城乡供水一体化、抽水蓄能电站、生活垃圾焚烧发电等在内的13项园区生产配套项目，投入804万元建设智慧园区服务超市平台，实现水电气网“接入到户”，打造了“花园式”园区。目前，已配套建设各类住房1160套12万平方米，投用中小学7所、学位6180个，食堂1个、酒店3家、医院1家、城市公园3个。

陶瓷园区的快速发展，带动了相关产业链的蓬勃兴起，从树脂、蜡烛到竹木、藤草，从矿产采掘到陶瓷旅游，区域性的陶瓷产业链条已然形成，展现了德化县产业园区的新辉煌。

党的二十届三中全会擘画了新型工业化的宏伟蓝图，着重提出“培育壮大先进制造业集群，推动制造业向高端化、智能化、绿色化迈进”。德化县已成功构筑了社会、经济、生态环境的良性互动循环，助力经济实现跨越式发展，并成为构建和谐社会的典范。在党的二十届三中全会精神的指引下，德化县坚持不懈推进绿色低碳循环发展体系的构建，全面促进经济社会发展的绿色转型，为各地提供宝贵的经验借鉴，为实现可持续发展的宏伟目标贡献积极力量。

执笔人：陈志明、吴有森

山清水秀绿“油油”

——我对石化生态文明建设的了解与愿景

陈小平

改革开放后，福建石化产业从无到有，从有到成支柱产业，倾注了无数人的心血。因为长期在石化基地工作生活，我更加关注石化生态文明建设。

福建第一桶石油

1992年9月30日18时，福建炼油厂重油催化裂化装置投料试车一次成功，生产出了福建省有史以来的第一桶石油。

晚上10点半，产品质检合格，达到国内同类装置开工的先进水平。

2010年11月，我去采访福建炼油厂首任厂长周纯富。谈起这激动人心的时刻，他依然心潮澎湃，那时离福建第一桶油出产已经18年了。

那天，我们还谈起福建炼油厂生态文明建设的话题。周纯富深切感慨：“污水出厂指标合格，与汽油、柴油出厂质量一样重要。从某种意义上说，还要重要些！”他讲了很多话，滔滔不绝。我作了采访记录。这么多年过去了，有些当年的亲历者已经不在了，有些事已经鲜为人知。

周纯富说，污水处理是福建炼油厂重要工程之一，总投资1亿多元，耗资之巨在国内同行业实属罕见。污水处理设备齐全，工艺先进，来自生产装置区所有的含油雨水、含油污水、含碱污水、生产废水、生活污水，经隔油、破稳、聚结、均质、曝气、生化等一系列处理，达到国家标准，然后再行排放。

后来，福建炼化公司（原福建炼油厂，1995 年 12 月改制为有限责任公司）又投入 3000 万元，用于污水处理场改造，实现就地仪表和可编程 PLC 控制，为污水回收利用创造条件。

采访周纯富后，我撰写了《项南与福建炼油厂》《炼油亦炼人——记原福建炼油厂厂长周纯富》等文章，并更加关注石化生态文明建设。业余时间，我采访了许多当地群众和杨天明等福建炼油厂的职工，对石化生态文明建设有了更深入的了解。

一个提醒与警示

20 世纪 80 年代，建设福建炼油厂是一件大事，经历了“三下四上”的艰难历程。终于，在 1989 年，福建炼油厂正式成立。

有一次，时任福建省副省长施性谋请张连、周纯富等人一起吃饭。施性谋指着周纯富向张连介绍：“这是福建炼油厂周纯富厂长。”

没想到，张连一听，愤然而起：“你在北方搞得好好的，为什么要到福建来建炼油厂？建炼油厂会破坏湄洲湾的生态，人民怎么活？你是福建人民的罪人……”

这顿饭吃得相当尴尬。

多年后，周纯富谈起这件事，说：“张连不但为革命事业作出重要贡献，而且对泉州人民很有感情！他反对在湄洲湾建设炼油厂，但支持后渚港开发……”

任何事情都不会是十全十美的，如果一边倒地叫好，往往就存在隐患；如果集体沉默，问题可能更大。“建设炼油厂会破坏海湾生态，沿海群众怎么活？”这种质问是一种提醒，一种警示，有利于把工作做得更好。

◎福建炼化公司生产区（邱爱民　摄）

多年以后，周纯富对张连的话有了更深的感悟。正是因为有这样的“不同声音”，才有群众的“福音”。多年来，周纯富时时刻刻铭记着一句话：“21 世纪将是海洋的世纪。企业在发展过程中，一定要通过一流的技术，维护福建沿海的生态环境！”

建立桌面绿色炼油厂

福建炼油厂试生产当年，就正式承担国家生产计划任务，加工出了 10 种国内外原油约 200 万吨，生产出了 160 万吨成品油，创利税 3 亿多元。

其实，按照原先设计的工艺方案，福建炼油厂是加工国内胜利油田的原油，但是建成投产以后，福建炼油厂也被安排加工进口原油。从炼国产原油改为炼进口洋油，对炼油装置的工艺技术提出了新的要求。

摆在面前有两条路：一是来一种新原油要停一次产，安排好了相应的工艺技术和催化剂后再点火。这样做会严重损耗设备和原材料。二是向高科技要效益，利用计算机的强大运算功能和快速反应能力，建立“桌面绿色炼油厂”，输入各种原油的物理指标，让电脑进行模拟炼油，得出最佳方案后，加以运用，进行不间断地连续生产。

周纯富厂长毅然决策：建立桌面绿色炼油厂！

然而，开发“桌面绿色炼油系统”等计算机生产控制系统，需要相当大的投入。福建炼油厂权衡利弊，拨出1000万元，与清华大学等院校和科研机构合作开发，建立计算机辅助管理集成生产系统，包括自动化操作系统、过程监控系统、生产计划调度系统、管理信息系统、经营决策系统，实现了从原油的采购、储存、混合、生产、销售到决策的计算机辅助管理系统一体化和最优化。

这个系统被人称为“计算机集成生产系统”。该系统以集多种高新技术于一体和服务于大型连续过程的特点，被列入国家“863计划”重点应用工程。

这是当时同行业中唯一列入国家“863计划”的项目。

1993年10月，福建炼油厂10套炼油装置全部建成投产。1995年9月，福建炼油厂改制为福建炼油化工有限责任公司。

福建结束了不生产一滴油的历史，仅液化气供应福建市场，对保护环境就发挥了极大的作用。过去烧柴火，砍伐树木柴草，到处都是光秃秃的，破坏了绿色植被，破坏了生态平衡，水土流失严重，自然灾害不断；市场有了液化气供应，柴草慢慢没人要了，砍伐树木行为不禁而止。

炼油乙烯一体化

一个数千年的梦想实现了，另一个跨世纪的梦想萌发了——炼油乙烯一体化！

乙烯应用非常广泛，不但是很多工业的基础原料，而且与人类的生活息息相关。人们的衣、食、住、行几乎都离不开石油，离不开乙烯。一个人一生平均得“吃掉”551千克石油、“穿掉”290千克石油、“行掉”3838千克石油、“住掉”3790千克石油。

那么，怎么生产乙烯呢？用石油裂解法大规模生产乙烯不但成本低，而且质量好。乙烯项目一直是福建梦寐以求的。

2002年10月初，国务院批准福建炼油乙烯项目可行性研究报告。10月11日，国家计委下达文件通知，标志着“一体化”项目正式实施。

该项目总占地面积437公顷，总投资额约35亿美元，是我国第一个产、供、销全面一体化的中外合资项目，也是福建省有史以来最大的投资项目，堪称福建“一号工程”，建成后可为福建新型材料、树脂、塑料、轻工、纺织、电子、汽车乃至食品等产业的迅猛发展注入新的活力，带动形成上千亿元的产业集群。

乙烯既能满足人们的生活需要，又能减轻农业和林业负担，推进环境保护和生态文明建设。这是建设福建“一号工程”的意义所在。

政协在行动

随着石化产业的壮大，政协力量也在石化产业发展中发挥了越来越大的作用。作为一名政协委员，我见证了一件件生态文明建设提案、一次次生态文明建设协商、一场场生态文明建设调研。2023年，泉港、泉惠石化工业园区双双位居中国化工园区前20强，并通过D级（较低安全风险）化工园区验收。这里面也有政协的身影、政协的汗水、政协的力量。

特别是2023年6月，泉州市石化产业指挥部在泉惠石化工业园区管委会揭牌成立，泉州市政协主席肖汉辉任泉州市石化产业指挥部指挥长。

泉州市石化产业指挥部成立后，以“高站位、小切口、强统筹”的工作方式，迅速铺开“指挥部+属地政府（园区）+国企”的工作格局，掀开了泉

◎福建炼化公司局部夜景（邱爱民　摄）

港、泉惠石化工业园区差异化、协同化发展和石化产业高端、绿色、转型发展的序幕。

肖汉辉介绍：“2024年初，福建联合石化公司因生产汽油的核心装置汽油吸附脱硫装置例行检修，在指挥部专题协调下，部分汽油组分委托中化泉州石化公司代为加工，树立了园区间、企业间互联互动沟通的范例。这是两大‘油头’首次联动生产，打开了泉港、泉惠石化工业园区合作的新形式新渠道，为其他企业互联互动树立了很好的榜样。”

面对激烈的市场竞争，泉州市石化产业指挥部聚焦“油头—化身—纺尾”，靠前调度，发力攻坚，加快“强链、补链、延链”，稳步推进一批高能级项目落地和建设……

生态文明建设，永远在路上

因为关注，所以关心。长期以来，我对石化生态文明建设充满美好的愿景与期待。

产业发展、环境保护、生态安全及其可持续利用和发展越来越成为人们关注的焦点。对于整个社会经济来说，发展石化能源产业既能满足人们的生活需要，又能减轻农业和林业负担，推进环境保护和生态文明建设，但是对于生活在能源基地周边的群众来说，生态环境保护是一个绕不开的话题。

发展经济的根本和唯一目的是提升人民的生活质量。如果手段与目的背离，不仅生活质量会降低，还会丧失追求幸福的可能甚至是生命本身。如果说生态环境问题是发展起来以后的问题，那么面对这个棘手的问题，敢问路在何方？

◎福建炼化公司夜景（邱爱民　摄）

生态环境保护的权、责、利关系的不对称，使地方政府面临着经济发展和环境保护双重压力。标本兼治在很大程度上取决于权、责、利关系调整。只有厘清权、责、利关系，经济发展才能实现由粗放型到集约型的转变。

发展经济和保护环境像两股风从不同的方向吹来，但总的出发点和归宿点都是为了人民。这两股风缺一不可——不因发展经济而搁浅环境保护，也不因保护环境而颠覆发展经济。

放眼全球产业布局的实际和实践，我们可以看到，著名的能源港口中心，几乎都是美丽的滨海城市，如新加坡、休斯敦、鹿特丹……

世界能源之都的成功经验，是典范，是榜样，是泉州建设“绿色能源港口新城”的目标和追求。让我们欣慰的是，我们正在实现这种愿景的路上：

2016 年 8 月，燃烧 24 年的福建联合石化火炬熄灭了，原本往空中排放的尾气，变废为宝，转化生产成氢气与燃料气……

2017 年，泉港启动了石化工业区安全控制区项目，在石化厂区和居民生活区建设绿化隔离带，涉及 3 个镇 17 个建制村，解决了“厂村混杂”的历史遗留问题……

生态文明建设，永远在路上……

作者系中国作家协会会员、第五届泉州市泉港区政协委员

后　记

为庆祝新中国和人民政协成立七十五周年，充分发挥政协文史资料“存史、资政、团结、育人”的社会功能，反映新时代福建经济社会发展的辉煌成就，展示福建各级政协组织、政协参加单位、政协委员履职成果，省政协文化文史和学习委员会策划推出一批具有历史价值、彰显福建特色的专题化、系列化文史资料图书。在省政协领导的指导和支持下，经过一年的努力，“见福”系列文史资料图书的第一卷《青山绿水是无价之宝》终于付梓，令人欣慰。

滕佳材主席十分重视本书的出版工作，亲自审定征编工作方案，并提出指导意见。刘献祥副主席具体指导征编工作。本书的征编工作得到了社会各界的广泛支持，从2024年6月发出征稿启事至10月截稿，我省广大政协委员、省各党派团体、各设区市政协和省政协平潭综合实验区工委、有关县（市、区）政协、部分民间环保组织等积极参与，为本书顺利出版奠定了坚实的基础。征编工作还得到了福建省发展和改革委员会、中新社福建分社、《人民政协报》福建记者站、《政协天地》杂志社、福建人民出版社等单位的通力协作和大力支持。在此，一并致以诚挚的谢意！

由于时间仓促和编者水平有限，书中难免有遗珠之憾和不妥之处，敬请各位读者批评指正。

2024年12月